# Geomagic Control X 三维检测技术

成思源　杨雪荣　主编

U0291168

清华大学出版社

北京

## 内 容 简 介

Geomagic Control X 软件原名为 Geomagic Qualify，该软件具有强大的三维检测功能，在国内外已得到广泛的应用。

本书围绕软件的数据处理、特征创建与对齐、3D 分析、2D 分析及生成报告等相关内容，介绍了其主要功能、使用的思路及方法。每部分均配有相应的实例操作，以帮助读者快速、直观地领会软件功能。

本书可作为工程技术人员的自学教材、本科院校或职业技术院校相关专业的专业课程教材、培训教材或参考资料。

**图书在版编目（CIP）数据**

Geomagic Control X 三维检测技术/成思源，杨雪荣主编. —北京：清华大学出版社，2023.7
ISBN 978-7-302-62364-9

Ⅰ. ①G… Ⅱ. ①成… ②杨… Ⅲ. ①工业产品－造型设计－计算机辅助设计－应用软件
Ⅳ. ①TB472-39

中国国家版本馆 CIP 数据核字（2023）第 012938 号

责任编辑：赵从棉　苗庆波
封面设计：常雪影
责任校对：赵丽敏
责任印制：曹婉颖

出版发行：清华大学出版社
　　　　　网　　　址：http://www.tup.com.cn，http://www.wqbook.com
　　　　　地　　　址：北京清华大学学研大厦 A 座　　　邮　　编：100084
　　　　　社 总 机：010-83470000　　　邮　　购：010-62786544
　　　　　投稿与读者服务：010-62776969，c-service@tup.tsinghua.edu.cn
　　　　　质量反馈：010-62772015，zhiliang@tup.tsinghua.edu.cn
印 装 者：三河市天利华印刷装订有限公司
经　　销：全国新华书店
开　　本：185mm×260mm　　　印　　张：14.5　　　字　　数：349 千字
版　　次：2023 年 7 月第 1 版　　　印　　次：2023 年 7 月第 1 次印刷
定　　价：42.00 元

产品编号：088071-01

设计、制造与检测是机械工程技术领域的三大重要环节。随着工业中设计与制造技术的发展，对于检测技术也不断提出新的课题和挑战。计算机辅助设计（computer aided design，CAD）、计算机辅助分析（computer aided analysis，CAA）和计算机辅助制造（computer aided manufacturing，CAM）技术的应用已日益普及，工业产品对于三维检测技术的要求也不断提高，这些是推动检测技术发展的动力。检测技术也从人工检测发展到了以计算机辅助检测为主的阶段。

计算机辅助检测（computer aided inspection，CAI）是一项具有广泛应用前景的新兴技术，对检测手段的柔性化、自动化具有重要意义，其特点是测量精度高、柔性好、效率高，尤其是对于复杂零件的检测，该技术更是传统测量方法所无法比拟的。计算机辅助检测技术一般是指通过采用高效率的三维扫描设备，最大限度地采集工件表面的三维数据，并将此数据与实物的 CAD 模型进行比对，从而获得信息丰富全面的公差检测结果，可方便地得出工件的误差情况。依据分析结果，可以通过改进产品制造工艺或设计方案的方法来提高工件的加工质量，降低工件的报废率，提高生产效率，从而获得更好的经济效益。由美国 Geomagic 公司提供的 Control X 软件具有强大的三维检测功能，在国内外已得到广泛的应用。该软件通过在 CAD 模型与实际生产零件之间快速、明了的图形比较，可对零件进行首件检验、在线或车间检验、趋势分析、2D 和 3D 几何测量以及自动化生成报告等，从而快速并准确地完成检测任务。

在目前的机械工程类图书中，各类与检测相关的书籍主要集中在传统的手工检测技术领域，对于计算机辅助检测技术还很少有较为完整、系统的描述。本书作为国内第一本全面介绍 Geomagic Control X 的操作教材，结合工程实例，通过具体的应用过程对计算机辅助检测技术进行了全面的阐述，并提供了详细的功能介绍与操作视频，可以帮助读者快速掌握计算机辅助检测技术和该软件的操作。

本书共有 9 章。其中第 1～2 章介绍了计算机辅助检测技术的概念及基础知识，阐述了计算机辅助检测技术实施的软硬件条件及发展趋势。第 3～9 章对基于 Geomagic Control X 软件的计算机辅助检测技术进行了系统介绍，结合该软件对点云数据处理的基本操作流程、软件的总体工作流程及包含的各主要模块进行了介绍，包括点云数据处理、特征创建与对齐、3D 和 2D 检测、生成检测报告以及自动化检测功能等。

党的二十大报告中提出了深入实施人才强国战略，努力培养造就更多卓越工程师、大国工匠、高技能人才的要求。本书在详细讲述基础理论知识的同时，融入了丰富的实践性内容，包括所有案例操作的数据文件和视频文件，以帮助读者通过实践快速掌握软件操作，并在实际工作中进行创新性转化应用,推动高素质人才的培养。

本书由成思源和杨雪荣编写。其中第1、3、6~9章由成思源编写,第2、4、5章由杨雪荣编写,全书由成思源统稿。本书还凝聚了广东工业大学先进设计技术重点实验室众多研究生的心血,他们在计算机辅助检测技术的研究与应用方面做了卓有成效的工作。其中陈斌、刘国栋、李千静、林科宏、谭昊、王慕贤、刘铭滨、熊城等研究生参与了部分章节的编写(实验操作及文字整理工作)。在此谨向他们表示衷心的感谢!

在实验室历届研究生的努力下,本实验室已相继编写出版了《Geomagic Qualify 三维检测技术及应用》、《Geomagic Studio 逆向建模技术及应用》、《Geomagic Design X 逆向设计技术》等系列教材,这体现了本实验室在吸收应用逆向工程技术最新发展成果方面所做的努力。

在本书编写过程中,得到了 Geomagic(杰魔)上海软件有限公司提供的支持,并参考了国内外相关的技术文献和技术经验,在此一并表示感谢。

由于编者水平及经验有限,加之时间紧迫,书中难免存在不足之处,欢迎各位专家、同仁批评指正。编者衷心希望通过同行间的交流促进计算机辅助检测技术的进一步发展!

编　者

2023.4

# 目 录

CONTENTS

# 第1章

# 计算机辅助检测技术

## 1.1 计算机辅助检测技术概述

### 1.1.1 计算机辅助检测技术的概念

随着我国社会经济的不断发展、经济全球化的不断深入,商品市场的国际贸易来往日益频繁,模式更加多样。国内企业要想在全球的竞争中有立足之地,必须做好产品质量的把关。产品质量是企业参与国内外市场竞争的核心价值,也是一个国家综合实力的重要体现。树立全民质量意识,努力提高产品质量,已成为我国经济发展中的战略问题,以及影响国民经济和对外发展的关键因素。只有高质量的产品才能持久地参与市场的竞争,世界各工业发达国家和众多企业的兴衰史足以证明这一点。

但怎样才能生产出一个优质的产品,又如何判断生产出的产品是优质的呢? 可以通过检测来鉴别。检测对产品质量有着举足轻重的作用,它是保证产品质量的基本手段。随着生产经济的发展,检测已日趋成为一门实用的技术。在工业生产中,检测技术是进行质量管理的重要组成部分,是贯彻质量标准的技术保证。

随着计算机的问世,人们不断从传统的学习、工作及生活方式中解放出来,进入了信息化的网络时代。如今,计算机已渗透到各个领域,并成为不可或缺的主导力量,推动着生产、经济不断向前发展。自 20 世纪 70 年代以来,计算机被应用到工程领域,计算机辅助工程技术获得了迅猛的发展。在机械工程领域,计算机辅助工程在设计、加工、分析、检测以及制造过程管理方面获得了广泛的应用,形成了一系列的新兴学科,如计算机辅助设计(CAD)、计算机辅助制造(CAM)、计算机辅助工程分析(CAE)、计算机辅助检测技术(CAI)、产品数据管理(product data management,PDM)等。

随着我国航空、汽车、机械等工业的迅速发展和市场竞争的日益激烈,企业对产品开发和质量检测提出了更高的要求。如何缩短开发周期,降低研发成本,提高检测水平,实现工业生产的信息化、集成化、网络化、虚拟化、智能化等新兴技术的快速发展,进一步提升企业的核心竞争力,成为各企业必然面临的问题。

计算机辅助检测技术作为提高产品质量的重要手段,日渐形成一门独立的学科并获得迅速的发展。在工业应用上,各种计算机辅助检测工艺及系统推陈出新。除传统的三坐标测量机外,近几年还发展起来许多新的检测工艺,如激光扫描测量、影像测量、CT 扫描等。检测设备除传统的台式外,还出现了关节臂式、手持式等多种形式。

计算机辅助检测技术是综合应用检测理论、测量设备、计算机技术、控制及软件技术等发展起来的一项新兴技术。该技术一般是指通过采用高效率的三维扫描设备,最大限度地采集工件表面的三维数据,并将此数据与实物的 CAD 模型进行比对,从而获得信息丰富全面的偏差彩图检测结果,可方便地得出工件的误差情况。依据分析结果,可以通过改进产品制造工艺或设计方案的方法来提高工件的加工质量,降低工件的报废率、提高生产效率、减少资源浪费,从而获得更好的经济效益。其操作步骤一般可归纳为三步:第一步,实物模型的数字化;第二步,模型对齐;第三步,比较分析。

计算机辅助检测技术是一项具有广泛应用前景的新兴技术,对检测手段的柔性化、自动化具有重要意义,其特点是测量精度高、柔性好、效率高,尤其是对于复杂零件的检测,该技术更是传统测量方法无法比拟的。

## 1.1.2　计算机辅助检测技术的作用

计算机辅助检测技术与工业生产和科学技术的发展密切相关。工业生产的发展需要不断提出检测技术的新任务、新课题,这是推动检测技术发展的动力。而随着科学技术的进步,检测技术也经历了从人工检测到计算机辅助检测的发展阶段。

长期以来,由于制造水平的限制和工艺的不发达,在各行各业中通常把使用通用量具和专用检具作为主要检验手段。通过使用游标卡尺(图 1-1)、螺旋测微器等量具对一些简单的零部件进行手工的尺寸测量,或使用专用检具(如图 1-2 所示的汽车保险杠检具)对特定领域的复杂零部件进行检测。这些检测手段往往存在以下弊端:

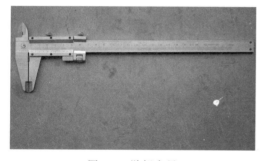

图 1-1　游标卡尺　　　　　　　　　　　　　图 1-2　汽车保险杠检具

(1)成本高。如今人们对精神生活越来越注重,对美的追求日趋强烈,涌现出零件的个性化和小批量生产浪潮,出现了大量的自由曲面,以确保零件的外观形状各异来满足人们的个体需求。大量不规则外形零件的出现致使相应的检具加工制作需要大量的人力物力,检具检测难以跟上复杂、多变的生产需求步伐。

(2)不准确性。使用传统检具所测得的结果过多受到人为主观因素的影响,特别是对于自由曲面的检测,在实际操作中,检具检测只能控制参数曲面上若干个截面曲线的形状误差,而有限的截面曲线误差并不能完全表征整个外形的形状误差,因此对于检测出的结果难以科学、直观地进行定量表达。而这将直接影响到零部件的装配、安装及使用等,给产品的质量问题带来不确定性。

(3)难以共享。手工操作的检具检测结果难以与其他的计算机辅助技术进行数据流通,也很难与自动控制、质量管理等系统进行信息交换共享。这将不利于生产过程的自动化及柔性化。

随着产品多样化及消费者对产品外形美观性要求的提高,产品设计中复杂型面的运用越来越多,如何有效地解决复杂型面的检测问题成为工业界需要解决的一个热点。随着计算机辅助技术的广泛应用及完善,机械产品对生产质量控制的要求越来越高,对三维测量技术的应用要求也日益提高;同时企业的质量意识也在不断加强,现代质量理念逐渐建立。与传统的检测技术相比,计算机辅助检测技术具有效率高、适用性好等优点,可以有效减轻操作者的劳动强度,提高生产效率。因此,在现代制造业中,计算机辅助检测技术的重要地位日趋突出。

计算机辅助检测技术的应用十分广泛,包括工业检测、医学治疗、桥梁建筑监测、模具制造等方面。从应用功能上综合考虑,计算机辅助检测技术主要有质量控制和逆向工程两方面的应用。

**1. 在质量控制方面的应用**

制造产品的质量是人们一直关注的问题,质量控制理论和技术的发展是逐渐由定性走向定量、由被动走向主动、由局部走向全局的过程。质量管理和控制的发展主要经历了三个阶段:

(1) 产品的检测与制造过程分开的质量检验阶段。此阶段也叫事后检验阶段,是质量控制的初级阶段,其主要特点是产品的检验与制造过程分开,产品检验成为一道独立的工序,主要通过全数检查来作出合格与不合格的判断,并挑出不合格品。这种做法有利于保证出厂产品质量,但这种检验机制是事后检验,不能预防废次品的产生,且原材料、人工和费用成本等方面所造成的损失也无法挽回。

(2) 统计质量控制(statistics quality control,SQC)阶段。该阶段的主要特点是从单纯依靠质量检验事后把关,发展到工序控制,突出了质量的预防性控制与事后检验相结合的管理方式。这种方式对于批量生产产品的互换性和通用性起了一定的保证作用。

(3) 全面质量管理(total quality management,TQM)阶段。该阶段是通过把数理统计学与运筹学、价值分析、系统工程、线性规划等科学相结合,综合考虑设计、制造和检测三个方面,来全面控制产品的质量。

近年来,特别是在欧美发达国家,计算机辅助检测技术得到了迅速的发展。在工业生产中,计算机辅助检测技术主要用于几何量的检测。在质量控制方面,特别是在机械行业中,产品质量的高低与其几何量的精度是密切相关的,几何量的检测成为保证机械产品质量的重要检测手段。

几何误差主要来自工件的设计制造过程。随着科学技术的发展和制造水平的提高,人们对零件的精度要求越来越高,且在零件造型上出现了大量复杂形状的自由曲面,这些都在极大地考验着传统的检具。相对传统的检测量具而言,三坐标测量机的出现已促使检测技术向前迈进了一大步。但接触式的测量机存在着测量速度慢,对一些软、脆、易变形的物体不易检测,需要对测头半径进行补偿等缺点,也致使其难以对复杂形状的零件进行全面检测。依托光学测量和数字图像处理技术发展起来的计算机辅助检测技术,凭借其检测结果全面且可数字化,检测效率高,可实现质量的全程跟踪,并可同其他的计算机辅助技术进行数据集成的优势,可以满足工业生产对几何量检测的要求。这是传统的检测方法所无法比拟的。

计算机辅助检测技术主要是通过三维测量技术获取实物表面信息,并分析加工后零件几何形体的尺寸、形状、方向和位置精度等的实际值与设计要求的理论值相一致的程度,来实现对零件质量的检测。在机械产品中,通过这种技术对几何量进行检测,可以达到以下目的:

(1) 对加工后的零件作出合格/不合格的判断,只要测量得到的几何参数在公差范围内,则认为合格,否则为不合格。

(2) 在加工过程中,可以检测零件尺寸、形状等是否达到加工要求。通过检测分析产品质量情况,并对生产过程进行分析,寻找产生不合格产品的根源,采取有效措施(如调整加工工艺系统)防止不合格产品的产生。这对保证加工质量起到了主动积极的作用,尤其在自动化生产线上,通过此技术可实现对零件的在线检测。

所谓在线检测是指在加工前通过测量来检查工件是否被正确安装,模具状况是否正常等,在加工过程中也需对整条生产线中不同工序和位置进行适时的检测,从而对整条生产线形成较全面的控制检测。

例如,对工业领域中广泛使用的钣金冲压件进行几何尺寸测量时,要求速度快且精度高。对于冲压件的在线检测,使用检具等传统检测手段,由于操作耗时费力,不能满足产品现场检测的要求。因此对于冲压件的现场检测,目前应用最为普遍的是目测。但利用目测只能判断冲压件产品是否存在明显的质量问题,如表面被破坏,变形严重等。如果对冲压件产品精度要求比较高,如飞机、高档汽车等则需对产品进行准确几何误差判断,此时目测就无能为力了。

借助计算机辅助检测技术进行冲压件产品的在线检测,可以快速、全面地得出产品的形位误差。相关人员通过分析检测到的数据结果,可将其与其他的计算机辅助技术进行数据集成,从而及时完善产品的设计、制造、加工工艺等一系列的过程。

**2. 在逆向工程中的应用**

实际上任何产品的问世,不管是创新、改进还是仿制,都蕴含着对已有科学、技术的继承、应用和借鉴。

逆向工程(reverse engineering,RE)是将产品原型转化为数字化模型,在原有产品的数字化模型基础上进行改进或创新,从而实现新产品开发的过程。其实施的前提是必须要有准确反映产品特征的数据,而这需用一定的测量手段对实物或模型进行测量,然后把测量数据通过三维几何建模方法进行重构,从而获得数字化模型。

由于逆向工程技术在新产品开发中起到十分重要的作用,自20世纪90年代以来,有关它的研究越来越多,应用也日趋广泛。目前逆向工程技术已成为一个相对独立的研究领域,并与各种计算机辅助技术(如CAD、CAM、CAE、CAI、RP即快速成形等)紧密相连,成为现代机械设计和加工检测不可缺少的部分。

如今,逆向工程技术已贯穿于产品开发的整个流程,无论是在对已有产品进行再开发期间,还是直接进行产品的原创开发期间,该技术都有应用。在对已有产品进行再开发期间,先利用先进的三维扫描设备对原产品中的各种曲线、曲面等特征进行测量,从中获得产品表面的三维坐标点数据,再利用逆向工程技术得到产品的CAD模型,通过对原产品的设计制造过程和意图的理解,在 CAD 模型上进行改进或创新,进而利用 CAM 系统将新产品制造出来,其过程如图 1-3 所示。

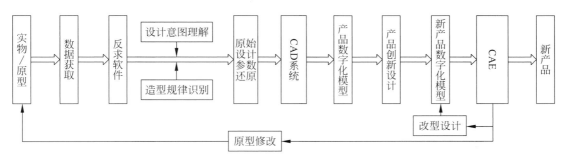

图 1-3 逆向工程技术流程

进行原创开发时,一般不会将首次设计好的图样直接全部转化为产品,而是先做出样品或模型,再对做出的样品或模型进行修改直至符合要求,但修改后的结果肯定与首次设计好的 CAD 数据不一致,这就需要去获取变化后的数据,并将变化后的数据与原数据进行比较,得出改变量,进而对样品或模型进行修改。借用先进的三维扫描设备可以快速地获得修改后的最新数据,通过相关的计算机辅助检测软件分析得出修改前后的数据变化量,并可以将这些数据应用于其他计算机辅助技术,从而设计出满足要求的产品。

因此,逆向工程与计算机辅助检测技术是紧密联系的。计算机辅助检测技术是逆向工程技术实施的前提,逆向工程技术的发展也在一定程度上促使着计算机辅助检测技术向前不断发展。计算机辅助检测技术不仅在产品设计中有着重要的作用,随着 CAD、CAM 等计算机辅助技术的发展,它在工艺设计、模具设计、模具制造、对破损零件进行修复等方面也有着广泛的应用前景。

## 1.2 计算机辅助检测技术实施的软硬件条件

随着工业生产的发展和制造技术的提高,检测的覆盖范围愈来愈广,对检测手段从硬件到软件都提出了更高的要求。高品质的产品不仅需要高质量的加工,还得依靠于测量系统的性能,而一个测量系统性能必须由其硬件和软件来支撑。下面分别介绍计算机辅助检测技术主要依靠的测量系统的硬件条件和软件条件。

### 1.2.1 硬件条件

准确并快速地实现三维实体模型数字化,是计算机辅助检测技术的基本前提。因此,根据对不同的产品要求,选择合适的测量方法是至关重要的。按照测量设备是否与零件表面接触,坐标测量方法可分为接触式测量和非接触式测量两种方式。

接触式测量是指在测量过程中测量工具与被测工件表面直接接触而获得测点位置信息的测量方法。目前常用的接触式测量工具包括三坐标测量机(coordinate measuring machine,CMM)、关节臂式测量机等。

非接触式测量是指在测量过程中测量工具与被测工件表面不发生直接接触而获得测点位置信息的测量方法。目前常用的非接触式测量方法包括激光三角法、结构光扫描法、图像分析法和基于声波、磁学测量的方法等。

在接触式测量方法中,检测系统的硬件为三坐标测量机,它是测量系统中最重要的代表,而关节臂式测量机是三坐标测量机的一种特殊机型。在非接触式测量方法中,激光三角法和结构光扫描法被认为是目前最成熟的三维形状测量方法。

以下分别就两种测量方法中具有代表性的接触式三坐标测量系统、关节臂扫描以及结构光扫描来介绍计算机辅助检测技术所需的硬件系统条件。

**1. 接触式三坐标测量系统**

在接触式测量方法中,CMM 是应用最为广泛的一种测量设备。CMM 通常是基于力-变形原理,接触式测头沿着被测物体移动并与被测物体表面接触时发生变形,从而检测出接触点的三维坐标。按采样方式 CMM 又可分为单点触发式和连续扫描式两种。

随着工业现代化进程的发展、众多制造业(如汽车、电子、航空航天、机床及模具工业)的蓬勃兴起和大规模生产的需要,要求零部件具备高度的互换性,并对形状、方向和位置提出了严格的公差要求。除此之外,在要求加工设备提高工效、自动化水平更高的基础上,还要求计量检测手段应当高速、柔性化、通用化。显然,传统的检测模式已不能满足现代柔性制造和更多复杂形状工件测量的需求。作为现代测量工具的典型代表,接触式三坐标测量机以其高精度(达到微米级)、高效率(数十、数百倍于传统测量手段)、多用性(可代替多种长度计量仪器)、重复性好等特点,在全球范围内快速崛起和迅猛发展。

三坐标测量机是一种以精密机械为基础,综合数控、电子、计算机和传感等先进技术的高精度、高效率、多功能的测量仪器。该测量系统由硬件系统和软件系统组成。其中硬件系统可分为主机机械系统、测头系统、电气控制硬件系统三大部分,如图 1-4 所示。

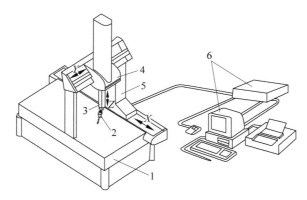

1—工作台;2—测头;3—Z 轴;4—中央滑架;5—移动桥架;6—电气系统。

图 1-4　三坐标测量机的组成

在工业生产应用过程中,接触式三坐标测量机可达到很高的测量精度($\pm 0.5~\mu m$),对物体边界和特征点的测量相对精确,对于没有复杂内部型腔、特征几何尺寸多、只有少量特征曲面的规则零件检测特别有效。但在测量过程中,因要与被测件接触,会存在测量力,对被测物体表面材质有一定要求。而且也需进行测头半径补偿,对使用环境要求较高,测量过程比较依赖于测量者的经验等缺点,特别是对于几何模型未知的复杂产品,难以确定最优的采样策略与路径。

基于接触式三坐标测量机的上述特点,它多用于产品测绘、型面检测、工夹具测量等,同时在设计、生产过程控制和模具制造方面也发挥着越来越重要的作用,在汽车工业、航空航天、机床工具、国防军工、电子和模具等领域得到广泛应用。

三坐标测量机系统的通用操作流程如图 1-5 所示。

（1）测头的选择与校准

根据测量对象的形状特点选择合适的测头。在应用测头前,应进行校验或校准。测头校准是三坐标测量机进行工件测量前必不可少的一个重要步骤。因为一台测量机配备有多种不同形状及尺寸的测头和配件,为了准确获得所使用测头的参数信息（包括直径、角度等）,以便进行精确的测量补偿以达到测量所要求的精度,必须进行测头校准。

图 1-5　三坐标测量机
系统操作流程

（2）装夹工件

CMM 对被测产品在测量空间的安装基准无特别要求,但要方便工件坐标系的建立。由于 CMM 的实际测量过程是在获取测量点的数据后,以数学计算的方法还原出被测几何元素及它们之间的位置关系,因此测量时应尽量采用一次装夹来完成所需数据的采集,以确保工件的测量精度,减少因多次装夹而造成的测量换算误差。一般选择工件的端面或覆盖面大的表面作为测量基准,若已知被测件的加工基准面,则应以其作为测量基准。

（3）建立坐标系

在测量零件之前,必须建立精确的测量坐标系,便于零件测量及后续的数据处理。测量较为简单的几何尺寸（包括相对位置）时使用机器坐标系就可以了。而在测量一些较为复杂的工件,需要在某个基准面上投影或要多次进行基准变换时,测量坐标系（或称为工件坐标系）的建立在测量过程中就显得尤为重要了。

建立坐标系的方式取决于零件类型及零件所拥有的基本几何元素情况。其中最基本的方式是通过面、线、点特征来建立测量坐标系,有三个步骤,并且有其严格的顺序。

（4）测量

三坐标测量机所具有的测量方式主要有手动测量和自动测量。手动测量是利用手控盒手动控制测头进行测量,常用来测量一些基本元素。所谓基本元素是直接通过对其表面特征点的测量就可以得到结果的测量项目,如点、线、面、圆、圆柱、圆锥、球、环带等。自动测量是在计算机数值控制（computer numerical control,CNC）测量模式下执行测量程序来控制测量机自动检测。

（5）输出测量结果

三坐标测量机进行检测,需要出具检测报告时,根据要求可以输出多种检测报告的格式。逆向工程中用三坐标测量机完成零件表面数字化后,为了转入主流 CAD 软件中继续完成数字几何建模,需要把测量结果以合适的数据格式输出,不同的测量软件有不同的数据输出格式。

### 2. 关节臂扫描

关节臂式测量机是三坐标测量机的一种特殊机型,其最早出现于 1973 年,是由法国的 Romer 公司设计制造的。它是一种仿照人体关节结构,以角度为基准,由几根固定长度的臂通过绕互相垂直的轴线转动的关节互相连接,在最末的转轴上装有探测系统的坐标测量装置。其工作原理主要是设备在空间旋转时,同时从多个角度编码器获取角度数据,而设备臂长为一定值,这样计算机就可以根据三角函数换算出测头当前的位置,从而转化为坐标 $(X$、$Y$、$Z$) 的形式。

关节臂式测量机是一种新型的非正交坐标测量机,每个臂的转动轴或者与臂轴线垂直或者绕臂自身轴线转动,一般用三条短横线"-"隔开,分别表示肩、肘和腕的转动自由度,图 1-6 和图 1-7 分别表示 2-2-2、2-2-3 自由度配置的关节臂式测量机。因为关节数目越多在测头末端的累积误差越大,为了满足测量的精度要求,目前关节臂式测量机一般为自由度不大于 7 的手动测量机。

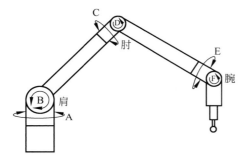

图 1-6　6 自由度关节臂式测量机

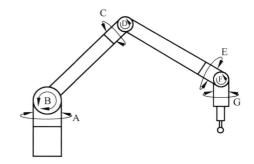

图 1-7　7 自由度关节臂式测量机

关节臂式测量机通常分为 6 自由度测量机和 7 自由度测量机两种,与 6 自由度测量机相比,7 自由度测量机在腕部末端多出一个自由度,除了可以灵活旋转,使测量更为方便之外,更重要的是减轻了操作时的设备重量,从而降低了操作时的疲劳程度,主要适用于激光扫描检测。

一个 2-2-2 自由度配置的关节臂式测量机由基座、三个测量臂、六个活动关节和一个接触测头组成,其结构如图 1-8 所示,图中关节 1、3、5 为回转关节,转动范围为 $[0°,360°)$,即可以无限旋转,关节 2、4、6 为摆动关节,摆动范围为 $[0°,180°]$。三根臂相互连接,其中第一根臂安装在稳定的基座上,支撑测量机的所有部件,它只有旋转运动;另外两臂为活动臂,可在空间无限旋转和摆动,以适应测量需要。第二根臂为中间臂,主要起连接作用,第三根臂在尾端安装有测头,第一根支撑臂与第二根中间臂之间、第二根中间臂与第三根末端臂之间、第三根末端臂与测头之间均为关节式连接,可做空间回转,而每个活动关节装有相互垂直的、测量回转角的圆光栅测角传感器,可测量各个臂和测头在空间的位置。关节的回转中心和相应的活动臂构成一个极坐标系统,回转角即极角由圆光栅传感器测量,而活动臂两端关节回转中心的距离为极坐标的极径长度。可见,该测量系统是由三个串联的极坐标系统组成,当测头与被测工件接触时,数据采集系统采集六个角度编码器信号并传给个人计算机(personal computer,PC),根据所建立的数学模型进行坐标变换,计算出被测点的空间三维

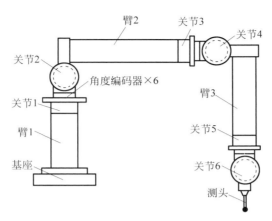

图 1-8 关节臂式测量机结构模型

直角坐标。

如今,国际上著名的生产关节臂式测量机的公司有美国的 CimCore 公司、法国的 Romer 公司以及美国的 FARO 公司,这些公司的多款高质量产品已经在中国乃至全球市场占据了极高的市场份额。另外,意大利的 COORD3 公司、我国的海克斯康(青岛)公司等均研制了多种型号的关节臂式测量机,用在各种规则和不规则的小型零件、箱体和汽车车身、飞机机翼机身等的检测和逆向工程中,显示了其强大的生命力。

与传统的三坐标测量机相比,关节臂式测量机具有轻巧便捷、功能强大、测量灵活、环境适应性强、测量范围较广等特点,如今,它已广泛地应用于航空航天、汽车制造、重型机械、轨道交通、零部件加工、产品检具制造等多个行业。但因关节数目越多,在测头末端累积的误差越大,因此,通常情况下,关节臂式测量机的精度比传统的三坐标测量机精度要略低,精度一般为 10 $\mu m$ 级以上,加上只能手动,所以选用时需注意应用场合。为了满足测量的精度要求,目前的关节臂式测量机一般为自由度不大于 7 的手动测量机。随着三十多年来的不断发展,该类产品已经具有三坐标测量、在线检测、逆向工程、快速成型、扫描检测、弯管测量等多种功能。

总的来看,关节臂式测量机与接触式三坐标测量机最大的不同点是,它可选配多种多样的测头:①接触式测头,可用于常规尺寸检测和点云数据的采集;②激光扫描测头,可实现密集点云数据的采集,用于逆向工程和计算机辅助检测;③红外线弯管测头,可实现弯管参数的检测,从而修正弯管机的执行参数等。

关节臂式测量机的主要优点有:重量轻,可移动性好;精度较高;测量范围大,测量死角少,对被测物体表面无特殊要求;可用测头在物体表面接触扫描测量,测量速度快;可做在线检测,适合车间使用;对外界环境要求较低,如 Romer 系列机器可在 0~46℃ 使用;操作简便易学;特别适合复杂曲面和非规则物体的测量;可适时配合激光扫描测头进行扫描和点云对比检测;可同时配备接触式测头与激光扫描测头,实现特征测量和扫描测量的联合使用。

由此可以看出,配置不同的测头,关节臂式测量机会有不同的特点。对于一些可动的大型零件,可进行多次扫描,然后在软件中进行数据拼接。而在对不便移动的超大型零件进行检测和反求时,借助蛙跳技术,关节臂式测量机可以完全摆脱固定式测量机所面临的检测尺寸无法更改的问题,实现设备多次移动时的扫描数据自动拼接功能。

**3. 结构光扫描**

新型传感器的不断出现,非接触测量理论的日趋完善,使得采用非接触式测量技术实现自由曲面的在线测量成为可能。与传统的样板测量技术、CMM 技术相比,非接触式测量技术更适于生产需要,有助于提高机械加工过程的自动化和智能化水平。随着计算机技术和光电技术的发展,各种各样的新型测量方法不断涌现。如今,非接触式测量的方法主要有基于光学的激光三角法、激光测距法、结构光扫描法、图像分析法以及基于声波、磁学的方法等。

结构光扫描法是曲面形体检测技术中一个十分活跃的分支。与传统测量方法相比,它具有无接触、检测速度快、数据量大等特点,在逆向工程、质量检测、数字化文物、虚拟现实、医疗等领域具有无可比拟的优势,因此,已广泛应用于生产和生活中。德国 GOM 公司研发的 ATOS 测量系统和我国海克斯康(青岛)公司的七轴绝对臂测量系统都是这种方法的典型代表。

结构光扫描系统主要由结构光投射装置、摄像机、图像采集及处理系统组成。结构光扫描,是将激光器或生成结构光的设备发出的光束经过光学系统形成某种结构形式的光模型,包括点、单线、多线、单圆、同心多圆、网格、十字交叉、正弦光栅、编码光和随机纹理投影等,以一定的角度投向被测物体表面,由于结构光受被测物体表面信息的调制而发生形变,在被测物体上形成特定的图案,此时用相机来拍摄二维图案,然后用图像处理系统进行主动线索特征提取,得到二维图像中像素和所投影条纹之间的对应关系,从而采集到图案,在此基础上再由光源、光感应器和物体表面光反射点组成的空间三角关系进行三角测距,来获取扫描物体的空间点云信息。

由此可见,结构光扫描法本质上是一种光学三角测量法。在结构光三维扫描过程中,涉及的主要技术有:结构光编码技术、图像特征提取技术、三角测距技术等。

目前,根据传感方法的不同,市面上主流的非接触式三维扫描仪有激光扫描仪照相式扫描仪、结构光扫描仪和 CT 断层扫描仪等。其中激光扫描仪可达到 5 000～10 000 点/秒的速度,它发出一束激光光带,当光带照射到被测物体上并在被测物体上移动时,就可以采集出物体的实际形状。其精度一般要低于接触式的设备,一般性能优良的设备可达到微米精度级别。图 1-9 所示为 REVscan 手持式激光扫描仪的工作示意图。与传统三坐标测量机相比,激光扫描仪没有机械行程限制,不受被测物品大小、外形、体积限制,能有效减少累积

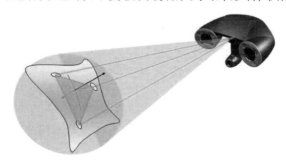

图 1-9    REVscan 手持式激光扫描仪的工作示意图

误差,提高整体三维数据的测量精度。而结构光扫描仪则采用面光,速度更是达到几秒钟百万个测量点。图 1-10 所示为 COMET 结构光测量系统的工作原理示意图。

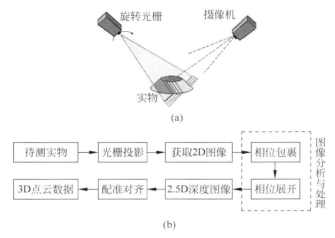

图 1-10　COMET 结构光测量系统的工作原理示意图
(a) 结构光投影及摄像系统；(b) 系统原理

与一般的非接触式扫描技术相比,结构光三维扫描技术具有如下特点:

(1) 扫描速度极快,数秒内可得到上百万个点；

(2) 一次得到一个面,测量点分布非常规则；

(3) 精度较高,可达 0.03 mm；

(4) 单次测量范围大(激光扫描仪一般只能扫描 50 mm 宽的狭窄范围)；

(5) 便携,可搬到现场进行测量；

(6) 对分块测量、不同视角的测量数据可进行拼合,非常适合各种大小和形状的物体(如汽车、摩托车外壳及内饰、家电、雕塑等)的测量；

(7) 测量深度大(激光扫描仪的扫描深度一般只有 100 mm 左右,而结构光扫描仪的扫描深度可达 300～500 mm)。

## 1.2.2　软件条件

计算机辅助检测的精度不仅取决于硬件的精度,还取决于软件系统的精度。过去,人们一直认为精度高、速度快,完全由测量系统的硬件部分(如测量机机械结构、控制系统、测头等)决定,实际上,由于误差补偿技术的发展,算法及控制软件的改进,测量系统的精度在很大程度上也依赖于软件。测量系统软件成为决定测量性能的主要因素已成为一种共识。

如今,软件技术日益成为测量系统的核心。原因主要有以下两点:

(1) 软件拥有数据处理功能。几何物体都是由空间点集合而成的,而坐标测量系统归根结底仅是获取那些空间点的坐标值的设备。因此,通过测量系统要想得到理想的检测结果,借用相关的软件技术是相当有必要的。只有用软件对获取到的空间点进行处理、计算,才能给出被测物体的位置、尺寸、形状等相关信息,而且也可进行测头、温度、几何量误差的补偿等操作。

(2) 测量类软件是测量设备与其他外设及系统的沟通桥梁。随着数字技术和 CAD 技术的发展和广泛应用,以及坐标测量技术与软件技术日益紧密的结合,测量系统的用途日趋强大,它不再仅是单一的用于保证质量的测量设备,还是能被广泛用作逆向设计、生产检测、信息统计、反馈信息等多种用途的多功能机,测量系统成为设计、工艺、制造和检测环节中不可缺少的中间设备。

计算机辅助检测技术所需的软件,应具备以下三个最基本的功能:

（1）能够读入扫描数据（格式为 ASCII、STL、VDA 及 IGES 等）;

（2）对扫描数据进行处理,并与 CAD 模型拼合在一起;

（3）能够检查和分析误差并生成图形报告。其中数据处理功能是此类软件系统的核心功能,此功能包括点云的精简、基本特征元素的构建及拼合等操作。在处理完扫描的数据后,便可运用精度测量功能实现形状误差检测、位置误差检测等,并将其以图表的形式反馈给操作者。输出功能用于实时显示、结果打印等,以便实现操作者与设备的交互。

按照软件的功能要求,测量类软件大致分为以下两种:通用测量软件和专用测量软件。其中通用测量软件是坐标测量系统中必备的基本配置软件,它负责完成整个测量系统的管理,包括探针校正、坐标系的建立与转换、输入/输出管理、基本几何要素的尺寸与几何公差［如直线度、平面度、圆度、圆柱度、线轮廓度、面轮廓度、平行度、垂直度、倾斜度、位置度、同轴（心）度、对称度、圆跳动、全跳动公差］评价以及元素构成等基本功能。专用测量软件则是针对某种具有特定用途的零部件测量问题而开发的软件,如齿轮、螺纹、自由曲线和自由曲面等。一般还有一些附属软件模块,如统计分析、误差检测、补偿、CAD 模块等。

下面简要介绍在计算机辅助检测技术中使用频率很高的两款软件:

（1）PC-DMIS;

（2）Geomagic Control X。

### 1. PC-DMIS 简介

先进的 PC-DMIS 测量软件是由全球最大的测量软件开发商美国 WILCOX 公司开发的,该公司隶属海克斯康（HEXAGON）计量集团。该软件是世界上用户选择最多的专业计量与检测软件,是众多关节臂式测量机的最佳配置。

关节臂接触式测量可选用的软件有 ARCO CAD、CAPPS（computer aided part programming system）、RST-Inspector、PC-DMIS 等。在这些测量和检测软件的计量应用中,PC-DMIS 提供了非常完善的一体化解决方案,所以在购买关节臂式测量机时,可以与三坐标测量机一样,选择配备 PC-DMIS 软件,作为关节臂式测量机的软件配置。究其具体原因主要有以下几点:

（1）强大的功能。PC-DMIS 软件的功能非常强大,它具备完备的测量功能（如可测量点、直线、圆、平面、圆柱、圆锥、球等特征）和误差计算评价功能（如可完成位置、距离、夹角、直线度、圆度、平面度、平行度、垂直度、倾斜度、位置度、对称度、同轴（心）度、跳动、轮廓度等误差的计算评估）。除了这些基本的功能外,它还可扩展出更多其他功能,做多种方式的测量,这些扩展功能分别对应于各种模块,包括 gear、blade 等模块。PC-DMIS 的用户可根据自己的需要在购买时选择不同的模块,或在使用一段时间后再购买、添加模块。

（2）完整的程序检测过程。从特征简单的箱体类零件到拥有复杂轮廓和曲面的不规则零件,PC-DMIS 软件都可帮助用户完成零件检测程序编制、测量程序初始化设定以及执行检测程序,使用户的检测过程始终高速、高效率和高精度地进行。

（3）易于使用。该软件应用起来非常便捷，它通过可定制的、直观的简捷图形用户界面，来引导使用者进行零件编程、参数设置和工件检测。同时，利用其一体化的图形功能，能够用丰富的输出格式、强大的图形报告功能来处理检测数据，从而满足客户的多种输出要求。针对不同用户的不同需求，它还可快速生成新的检测程序，并提供用户定制的检测报告。

不仅如此，PC-DMIS还提供了灵活的环境。它不需要像其他几何软件包一样要经过漫长的调试过程，而是可允许适时地纠正错误。且其界面的多功能性还为自定义软件提供了一种简单的方法，以便满足个人的特定需求。该软件包还减少了分析和解释CMM测量结果的需要，因其在CMM上进行零件编程所使用的技术是顺向且系统的。

任何软件强大完善的功能都需要相关的技术来支撑，鉴于上述PC-DMIS软件所具有的优点，有必要对该软件所采用的几个主要支撑技术的特征进行介绍。

（1）基于DMIS语言编程

PC-DMIS软件是一种基于最新版本DMIS语言编程规范开发的交互式测量软件。借助这种DMIS语言开发出来的PC-DMIS软件，可为用户提供非常友好的内部编程环境，该软件可通过自学习功能自动记录程序。同时在该软件下编写的零件程序可用于其他测量软件上，具有通用性。只要将零件程序稍加修改，就可在不同厂家生产的测量机（前提是使用的测量软件必须支持DMIS语言）上运行。

另外，基于DMIS语言开发出来的PC-DMIS软件具有强大的薄壁件特征测量程序库，从而使PC-DMIS软件拥有强大的测量功能以及许多其他的扩展功能。

（2）多接口

PC-DMIS软件不仅预留有基于用户需要的二次开发接口，它还具备强大的CAD接口功能，可兼容绝大多数CAD软件，与多个CAD软件系统实现直接数据传递，例如，可将测量数据利用通用的CAD格式直接导出，实现与ACIS、CATIA、UG、PRO/E等CAD系统的直接连接。不仅如此，它还能够读入原始的CAD数据模型，直接在数模上进行脱机编程和零件检测程序的模拟运行，使脱机编程变得直观和容易，有助于提高测量效率。

借助强大的接口功能，PC-DMIS软件一般在与测量机连接时，可与测量机的非接触式测头实现无缝连接。如今，该软件主要兼容Metris公司和Perceptron公司的两种激光测头。随着待检测型面的复杂化，要求有各种智能化的扫描模式来满足需求。因此，在软件中接触式测头与非接触式测头的组合及转换，成为目前的重要趋势。另外，PC-DMIS软件除用于HEXAGON计量集团的测量机外，还兼容其他厂家的部分测量机，可通过接口模块直接与控制系统连接。

（3）功能集成

PC-DMIS软件是一个功能丰富、模块化的软件集合。其测量软件包能够实现完善的测头管理功能、零件坐标系管理和工件找正功能、简单几何要素的测量和便捷的逆向设计测量功能、符合国际和国家标准规定的形位公差评定功能，以及经过德国标准计量机构PTB认证的软件尺寸计算方法和多种格式的图形报告功能。

不仅如此，该软件除在内核部分划分为PRO、CAD、CAD＋＋三个功能模块外，还有多种扩展功能模块，使其可以用于各种计量器具、加工机床现场检测、脱机编程、网络信息流等方面。这种模块化配置模式，能够满足客户的特定需要，可广泛用于现代企业的计量管理。

PC-DMIS 软件有脱机版和联机版两种模式。脱机版 PC-DMIS 软件指的是,在运行该软件时不用与测量机相连接。而只有连接到 CMM 上,才能使用联机版 PC-DMIS 软件。该软件在连接上 CMM 以后,用户可直接用软件中测量零件时所需的高级命令来驱动测量机执行测量动作。使用联机版 PC-DMIS 软件,用户可执行现有的零件程序、快速检测零件以及直接在 CMM 上开发零件程序。而脱机程序也是适用于联机模式的。通常,为了在调试程序的过程中节省测量机使用时间,减少因为误碰撞造成的损失,可通过脱离 CMM 来使用脱机版 PC-DMIS 软件编辑一个联机创建的程序。因为在脱机版 PC-DMIS 软件中导入一个 CAD 文件、DMIS 程序或零件程序,经过编辑调试后,都可以直接使用联机版 PC-DMIS 软件来执行。但无论怎样,不可用脱机版 PC-DMIS 软件来直接驱动 CMM。图 1-11 所示为联机版 PC-DMIS 软件的开始界面。

图 1-11    联机版 PC-DMIS 软件的开始界面

脱机版和联机版的 PC-DMIS 软件,都可安装在支持 Windows 操作系统的计算机内,对计算机的硬件配置有一定的要求。两种模式的 PC-DMIS 软件都是采用 Microsoft 的 Windows 界面,在 PC-DMIS 软件内,此界面是一个可定制的、全中文的、直观的、可支持多种语言的图形用户界面,如图 1-12 所示,借用此界面用户可以创建和执行零件程序,可利用下拉菜单、对话框、图标等方式来轻松开始测量程序。

**2. Geomagic Control X 简介**

Geomagic Control X 是由美国 Geomagic 公司提供的一款快速检测软件,主要对产品的几何尺寸和形位公差进行检测。该软件提供了多种先进的检测工具,能够快速、准确地检测出实际产品与其 CAD 三维数字参考模型之间的尺寸误差和几何误差,并将检测结果以直观易懂的色谱图予以显示,最后以报告的形式予以呈现。报告的内容主要包括三维几何尺寸与几何误差、二维几何尺寸与几何误差、构造几何结果和对齐操作过程等,用户可选择输出报告的内容,创建个性化定制的注释样式,且有 PPT、PDF 等多种输出格式可供选择。

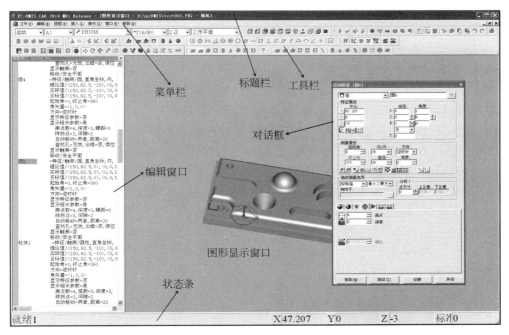

图 1-12　PC-DMIS 软件用户界面

Geomagic Control X 是原软件 Geomagic Qualify 的全新改版，既继承了 Geomagic Qualify 快速检验、全面检测的传统优势，又在其基础上发展了扫描数据自动处理、多项结果分析等亮点功能，其操作界面、模型管理、视图显示变得更加简便、高效、可控，尤其在模型管理方面，与主流 CAD 软件的操作类似，记录了整个检测过程的各项操作，这些操作记录可进行删减和编辑，大大方便了软件处理的过程。

Geomagic Control X 主要的功能特点如下所述。

（1）快速检验产品。Geomagic Control X 操作界面更加简便、易懂，检测流程更加自动、规范，输出报告更加直观、快捷，还可进行批量零件的自动重复检测，使得产品的检测过程更加高效，能够加快产品的上市速度，降低生产成本，为企业提供竞争优势。

（2）全面检测产品。Geomagic Control X 提供了更加全面的检测工具，包括扫描数据的全面性和准确性、产品的整体偏差分析、产品重要截面的偏差分析、产品重要特征的分析、产品的轮廓和边界偏差分析等，增强和完善了产品检测能力，扩大了软件的适用范围。

（3）支持行业全面的硬件设备和丰富的文件格式。Geomagic Control X 支持行业中标准的非接触式光学扫描仪以及各种便携式检测设备，此外还支持主流 CAD 文件格式（包括 CATIA、Creo、SOLIDWORKS、Autodesk Inventor 等）的导入，以及 PMI（产品制造信息）和 GD&T（几何尺寸和形位公差）的导入。

（4）输出精确结果。Geomagic Control X 符合国际和国家标准规定的几何误差评定标准，并在世界范围内已获得多个标准计量机构（包括德国 PTB、美国 NIST 和英国 NPL）的权威认证，达到了广泛认可的误差检测水平，这一点对于产品质量要求严格的行业（如航空航天制造、精密仪器制造等）尤为重要。

（5）共享检测结果。Geomagic Control X 能够提供包含模型数据展示、对齐过程、各项检测结果、注释、趋势分析等在内的详细检测报告，这些报告包含多种格式，如 PDF、PPT、DOC、Excel 等。这使得包括供应商、分包商、客户等在内的多用户可共享检测结果，提高了沟通效率，从而加速产品的开发和完善。

（6）自动处理数据。通过自定义创建扫描数据处理流程，能够自动实现扫描数据的导入和处理，包括扫描数据的优化、合并等，并提供到 Geomagic Control X 的检测流程中，减少了用户的交互操作。

Geomagic Control X 2020 软件于 2019 年 10 月由 Geomagic 公司发行。与以往的 Geomagic Control X 版本不同，新版本不仅增强了原有的许多功能（改进的探测工作流、注释等），还增加了强大的检查工具（Inspection Viewer）和方向偏差、偏差位置等检测工具。图 1-13 所示为 Geomagic Control X 2020 软件的初始界面。

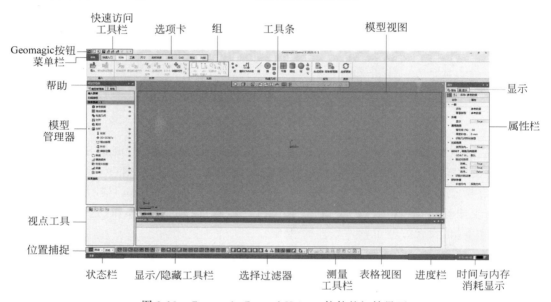

图 1-13    Geomagic Control X 2020 软件的初始界面

与以往版本对比，Geomagic Control X 2020 的主要改善之处如下所述。

（1）改进探测工作流。Geomagic Control X 2020 提供了多达 20 种几何探测方法，能够较好应对具有复杂特征的产品的检测。改进的探测工作流改善了便携式移动设备的使用，具体体现在重新定位扫描设备时的灵活性和可追溯性，使得产品的检测更加快速准确。改善后的探测工作流能够迅速兼容扫描数据，进一步发挥三维扫描和硬测头的综合优势。

（2）改进注释形式。Geomagic Control X 2020 改善了可定制的注释组，有助于为每个用户量身定制清晰适当的数据。为了减少数据混乱，改善后的注释组中只包括相关的尺寸、GD&T 标注和每个特征的一般注释。

（3）新增检测查看器。Geomagic Control X 2020 安装后新增了一个检测查看器（Inspection Viewer）——，该查看器允许任何参与者分析项目并创建自定义报告。检测操作完成后，不同的用户可通过查看器打开检测项目，访问检测数据，创建定制报告。用户能够选择自己需要的数据来创建报告，并在该平台上共享，这确保了有效的沟通，提高了沟通效率。

（4）新增方向偏差检测。在一些多孔的零件中，对于孔的制造误差，无论是 3D 整体偏差分析还是 2D 截面偏差分析，都不能较明显地显示其误差来源。Geomagic Control X 2020 新增了方向偏差检测，通过对轴的检测，其 X、Y、Z 分量被单独评估，设定每个方向的公差，软件用不同颜色展示实测值的偏离情况，从而明确误差来源，看清问题所在。

（5）新增增强偏差定位工具。Geomagic Control X 2020 新增的增强偏差定位工具，可以快速方便地分析和报告表面缺陷。通过测量表面缺陷偏差的主要和次要尺寸，为用户提供更精确的尺寸和位置分析。

（6）新增数据类型导入。Geomagic Control X 2020 支持 3D Sprint（塑料增材制造软件）文件的直接导入，使得 3D Sprint 用户可以通过分析其构建数据模型与打印模型之间的检测结果，更方便快捷地在其打印部件上进行修改、完善，更轻松地在打印零部件上执行检测工作流程。

由上述对 Geomagic Control X 的功能及特点的概述可以看出，Geomagic Control X 作为一种计算机辅助检测软件，除了具有操作简单、检测功能强大等优点外，还起到了其他计算机辅助技术之间（如 CAD 与 CAM、CAE 与 CAI）所缺乏的联系渠道的作用。该软件实现了在 CAD 模型与实际零部件间进行快速、简明的色谱图比较，在很大程度上避免了测量过程中人为因素的影响，减小了对测量经验的依赖，提供了更加广泛的测量结果。通过标准化的比较，可以统一分析基准，使得各个方案之间具有可比性。利用自动生成报告，可以方便不同方案的对比。借用可重复性的自动检验功能可快速确保对比结果的准确性。由此，该检测软件实现了数字化的测量环境，从根本上解决了各计算机辅助技术间的数据交流和"信息孤岛"问题。

由于 Geomagic Control X 具备上述多种功能及特点，该软件常被用于产品的首件检验、在线检验、车间检验、供应商质量管理、趋势分析、2D 和 3D 几何测量、特征比较以及自动报告生成等。本书将在后续章节对该软件的操作进行详细的介绍。

# 1.3　计算机辅助检测技术的发展趋势

进入 21 世纪以来，随着计算机技术、数控技术、光电技术以及检测传感技术的发展，以及企业和用户质量意识不断加强，检测技术特别是计算机辅助检测技术在现代制造业中的地位与作用已发生了很大变化，取得了前所未有的发展。从总体趋势来看，计算机辅助检测技术的发展主要体现在检测效率、检测范围以及检测功能集成三个方面。

**1．检测效率**

如今，在竞争日益激烈的商品市场上，某产品要占据有利的市场地位，其质量的高低会占有很大的权重。一个高质量产品的产生，必定要由一整套的严格要求的系统来支撑，即要有高精度的机械加工设备、检测设备等。例如，随着科学技术的发展和制造水平的提高，在家电、飞机、汽车等零部件中出现了大量的自由曲面，用户对曲面零件的精度要求也越来越高，这就要求一种高精度的检测设备来检测制造出来的零件是否符合其要求。

计算机辅助检测技术发展的初期，主要是借助传统的三坐标测量机来测量的，但由于传统的 CMM 只能用于硬质零件的检测，其测量范围有限，而且在检测过程中需要与零件逐点接触,会造成不必要的累积误差。因此,随着机器视觉、传感器技术的发展,非接触式的扫描仪已被广泛用于计算机辅助检测中,这不仅弥补了传统 CMM 的一些缺陷,还在一定程度上提高了检测效率。随着对产品质量的要求越来越高,对加工精度和检测精度的要求也日益提高,目前出现的纳米级测量机就是这一发展的体现。

随着各种技术的飞速发展,在市面上各种各样的检测设备琳琅满目。如今,纳米技术已向各个行业不断地延伸,纳米测量机在市面上已应运而生。随着纳米测量机的发展和成熟,测量精度又会有一个很大的提升。

**2. 检测范围**

检测技术不仅是产品品质评定的技术手段,更是引导人们由宏观向微观、由粗略到精细过程的关键技术。

测量元素之间的距离,是测量机最为常用的一项功能。随着计算机辅助检测技术的不断发展,检测的范围不仅在横向上由二维(2D)向三维(3D)发展,而且在纵向上也朝着巨型化和微型化两个方向发展。

在 CAD 三维软件还没问世之前,人们都还只是用二维的 CAD 来进行传统的正向设计。因为没有需求,那时的检测范围也就停留在了二维世界里。随着 CAD 三维软件的问世,并不断发展到如今的广泛应用,检测技术也随之发展。借助计算机辅助检测技术中的相关软件对实际零部件进行检测,可以得到其完整的 3D 尺寸以及任意指定的 2D 截面误差,进而实现零部件的全面数字化检测。

计算机辅助检测技术除了在空间范围内有所拓展外,在尺寸上也有所扩展。随着大尺寸零件和装配件的检测要求出现,如汽车整车检测、工程机械检测等,对计算机辅助检测技术提出了新的要求。为了适应这种需求,如今的检测系统的尺寸也越来越大,如目前的大型三坐标测量机可以做到十几米以上。应用非接触式的光学测量方法,可以实现从建筑、桥梁、大坝到飞机、风力机等大型目标的检测。

在小尺寸方面,现今的大多测量仪器都依靠一些电子器件来支撑。随着计算机集成技术越来越发达,如今电子类产品的集成电路芯片也越来越小,因此微型测量仪器也获得了迅速的发展。不仅如此,近年来纳米级测量机的出现,也体现了计算机辅助检测技术的检测范围实现了微型化,人们可以从更微观的方向出发,在传统的测量方法基础上,应用先进的纳米测量机解决应用物理和微细加工中的纳米测量问题;分析各种测量技术,提出改进的措施或新的测量方法。

**3. 检测功能集成**

1995 年,伴随上海大众新车型"桑塔纳 2000"的下线,诞生了国内第一个装备了先进的大型坐标测量机的车身测量室,由于当时产品型面的表达还未采用 CAD 数模,故 CMM 执行的仍是坐标测量。自 20 世纪 90 年代末、21 世纪初起,以覆盖件、车身测量为切入点,计算机辅助检测技术在国内汽车制造业有了快速的发展。从此,坐标测量机逐渐成为生产测量室的主体,并越来越多地联入生产线,成为工艺过程的一部分,直接用于在线检测,极大地提升了企业的质量监控能力。

计算机辅助检测技术发展的第三个特点是检测功能集成。检测要在确保精度指标的同时,强调其高速度、高柔性、强大的数据处理,以及适应现场环境的能力。因此,该技术的功能集成不仅体现在其检测仪器的内部,更重要的是检测设备与外部设备的功能集成。

检测仪器之间的功能集成是为了满足多种检测需要而形成的。在实际检测或逆向工作中,根据零件几何形状的复杂程度和特点,有时需要采用不同的测量手段进行测量,以获得较好的测量结果。例如,对于普通曲面形状,激光扫描的点采集速度就很快,效率很高。而对于需要进行精确定位的检测,接触式测量则有其高精度、准确性好的特点。不同测量手段的这种差异性和互补性,在一定程度上促进了计算机辅助检测技术中检测仪器之间的集成。

目前,三坐标测量机越来越多地具有两种或两种以上的测量集成功能,如接触式测量与激光测量的集成,或激光测量与影像测量的集成,甚至还有三种功能的集成等。这种功能集成的检测方法,应用范围更广泛,在保证高精度的同时,还可大大提高检测的效率。

除了检测仪器内部之间的功能集成外,通过对检测设备外部(如 CMM 的辅助设施)进行一定的改造,也会让检测设备更好地发挥其强大的功效。特别是当检测设备与外接设备进行对接,实现功能的集成时,对检测设备的改造会使整个产品的加工、检测效率得到提升。著名的德国 Leitz 公司近年研制的一体化工件输送、装夹、定位系统就是典型的实例,输送小车、滑台、专用夹具成为一体,能与测量机的工作台实现无缝对接,在夹具上准确装夹、定位的工件由滑台送入 CMM,即可实现测量,从而大大节省了辅助时间,提高了功效。

不仅如此,在不久的将来,就会出现在产品的加工过程中进行全面的产品质量控制检测的闭环系统装置。在这种闭式加工系统中,当数控机床对工件进行切削加工时,一束激光将对工件进行高速扫描检测,并将测得的尺寸信息下载到机床的计算机数控(computer numerical control,CNC)系统,CNC 系统中连接着一个统计过程控制(statistical process control,SPC)软件程序,工件尺寸信息即被下载到该程序中。如果任何一个工件尺寸呈现偏离预设公差的趋势,SPC 程序将对切削程序作出必要的偏移补偿或向操作者报警。然后 SPC 程序将向机床的 CNC 系统发出检查刀具的命令,以确定刀具是否发生崩损或过度磨损。以上过程在几秒钟之内即可完成。这种在线质量控制加工的方法将成为一种高效率的工件加工、检测并行的有效方式。

随着测头在机床上的引入,用于工件位置的检测,在线质量控制技术已受到广泛关注。未来,将会用一个或多个测头来指导工件加工之前的夹具装夹,在加工过程中指示加工的误差并及时反馈到加工系统来修正加工误差,如果误差太大或实在难以加工,还可以直接将所测得的误差传送到零件的设计系统,直接对零件的设计方案进行修改。加工完毕后再次检验加工好的工件是否符合要求,符合要求则输出,不符合要求还可以将修正信息再次送到加工系统进行补偿修正,或已不可再次修正则宣布报废。如此,在未来的零件出成品过程中就可以省去单独的检测流程,因为质量检测已经融入了零件的整个设计、加工的过程。

# 第2章

# 检测技术与几何公差

## 2.1 检测技术概述

尽管产品的高质量是由制造过程实现的,而不是通过检测获得的,但是,从某种意义上,我们仍可以这样说:"没有检测,就没有产品的质量。"因此,一个国家(或一个企业)的检测技术水平,实际上是这个国家(或这个企业)生产技术水平的集中体现和反映。

检测技术广泛应用于工农业生产、科学研究、航空航天、交通运输、医疗卫生及生活中的每一领域,是人类科学认知客观世界的手段,起着代替人的感官的作用。俄国化学家门捷列夫也曾指出"科学是从测量开始的"。

在大千世界中,几何量的测量无处不在。在古代,人们就用到了几何量测量的标准量值及器具。手指的宽度、脚的长度、步幅的距离等都被创造性地用于几何量的测量。再看看我们身边,小到日常生活用品,大到各类工业产品以及航空航天等高科技产业,都需要用到检测。检测技术不仅是评定产品质量的基本方法和手段,而且引导人们由宏观向微观、由粗略到精细,成为贯穿于人类社会发展全过程的关键技术和核心推动力之一。

数十年来,国内外许多专家学者一直致力于检测技术的研究,提出了许多新的检测方法,设计了许多专用的检测仪器。此外,先进的检测技术和工艺技术的结合,也有力地促进和提高了生产过程的机械化、自动化水平,有效地减轻了工人的劳动强度,提高了劳动生产率,降低了原材料的消耗,从而为企业带来丰厚的经济效益。

### 2.1.1 检测技术的基本概念

检测是检验和测量的统称。其中检验是判断被测物理量是否合格(是否在规定范围内)所进行的操作,通常不能获得具体的数值。测量是指为确定被测量的量值而进行的一组操作,也就是将被测对象(如长度、角度等)与作为计量单位的标准量进行比较,以确定其量值的过程。测量需要获得具体的数值。由此可见,在测量过程中必须有被测对象和所采用的计量单位。此外还有二者是怎样进行比较和比较以后测量的精确程度如何的问题,即测量的方法和测量的精确度问题。

综上所述,在任一测量过程都应有四个要素:测量对象、计量单位、测量方法及测量精确度。

**1. 测量对象**

通常的测量对象主要指几何量,包括长度、角度、表面粗糙度及几何误差等。由于几何量表现的种类繁多,形状各异,表达被测对象性能的特征参数也可能是相当复杂的,因此,对具体的零部件进行测量时,要仔细分析被测对象的特性,研究被测对象的含义(如表面粗糙度的各种评定参数、齿轮的各种误差项目、尺寸公差与几何公差之间的独立与相关关系等),从中找出最能控制零部件的几何量,进行快速准确的测量。

**2. 计量单位**

要进行测量,必须有计量单位作为基准。随着工业的发展,计量单位也在不断地发展改善。在长度计量中如今最常用的有米制和英制,对应的国际单位为米(m)和英寸(in),其他常用长度单位有毫米(mm)和微米(μm)。在角度测量中以度(°)、分(′)、秒(″)为单位。

**3. 测量方法**

广义地讲,测量方法可以理解为测量原理、测量器具(计量器具)和测量条件(环境和操作者)的总和。

随着长度基准的发展,计量器具也在不断改进。各种计量器具的出现,使得几何参数计量的精确度、计量范围,也随着生产的发展而飞速发展。计量器具的精度越来越高,测量范围也由二维平面发展到了三维空间(如三坐标测量机等),测量的自动化程度从人工对准刻度尺读数发展到自动定位、瞄准来获得测量数据,通过计算机进行数据处理评定,自动显示测量结果。

测量方法是指在测量实施过程中,根据被测对象的特点(如材料硬度、外形尺寸、生产批量、制造精度、测量目的等)和被测参数的定义来拟定测量方案、选择测量器具和规定测量条件,合理地获得可靠的测量结果。

**4. 测量精确度**

测量精确度是指测量结果与真实值的一致程度。不考虑测量精度而得到的测量结果是没有任何意义的。由于任何测量过程总不可避免地会出现测量误差,误差大就说明测量结果偏离真值多,精度低,超过了给定的误差范围则说明不合格(在本书介绍的 Geomagic Control X 软件的测量状态中则显示为失败,反之为通过)。

所谓真值是指当某量能被完善地确定并能排除所有测量上的缺陷时,通过测量所得到的量值。由于测量会受到许多因素的影响,其过程总是不完善的,即任何测量都不可能没有误差,因此,对每一测量值都应给出相应的测量误差范围,说明其可信度。

误差是指实际测得值与被测的真值之间的差值,若对某量的测得值为 $a$,该量的真值为 $x$,则误差 $d=a-x$。精确度与误差是两个相对的概念。由于存在测量误差,测量结果的可靠有效值是由测量误差来确定的。

在实际测量中,产生测量误差的原因很多,主要有以下几个方面:

(1)计量器具误差。它是指计量器具本身的固有误差,如量具、量仪的设计和制造误差、测量力引起的误差及校正零位用的标准器误差等。

（2）基准件误差。它是指作为基准件使用的量块或基准件等本身存在的制造误差和使用过程中磨损所产生的误差。

（3）测量方法误差。它是指测量时选用的测量方法不完善（包括工件安装不合理、测量方法选择不当、计算公式不准确等）或对被测对象认识不够全面引起的误差。

（4）环境误差。它是指测量时的环境条件不符合标准条件所引起的误差，包括由温度、湿度、气压、振动、灰尘等因素引起的误差。

（5）人为误差。它是指由测量人员的主观因素（如技术熟练程度、工作疲劳程度、测量习惯、思想情绪等）引起的误差。

在零件的制造过程中，误差是不可避免的，但零件的几何参数误差必须控制在一定范围内，否则就会造成零件间的不适配等诸多问题，因此提出了零件的互换性要求。

机械制造中的互换性，是指分别按规定的几何、物理和机械性能等参数的公差制造零部件，在装配成机器或更换损坏的零件时，不经调整和修配，直接选用就能满足使用要求。

在机械与仪器制造业中，一个产品零件要想合格满足其互换性等要求，就必须在设计范围内的几何参数（如尺寸）和机械性能（如硬度、强度等）等方面下功夫。对于设计人员来说，最应该把握的就是几何参数，主要包括尺寸大小、几何形状及相互的位置关系等。在实践中，由于各种局限性条件，要想同规格的零部件的几何参数都保持完全一致，是几乎不可能实现的。因此，在能满足使用性能要求的前提下，保证同一规格零部件的几何参数在一定范围内变动就可达到互换的目的。

要确保零部件互换性，查看几何参数是否在规定的范围内变动，就必须采取适当的检测措施。在加工出零部件后，需对其几何量进行测量，以确定它们是否符合设计要求。由此可见，检测是组织互换性生产中必不可少的重要环节。

互换性在提高质量、产品可靠性及经济效益等方面均具有重要意义。互换性原则已成为现代制造业中一个普遍遵守的原则，在现代化工业生产中起着十分重要的作用，主要体现在以下三个方面：

（1）在设计方面，能最大限度地使用标准件，可以简化绘图和计算等工作，使设计周期变短，有利于产品更新换代和 CAD 技术的应用。

（2）在制造方面，有利于组织专业化生产，使用专业设备和 CAM 技术。

（3）在使用和维修方面，可以及时更换那些已经磨损或损坏的零部件，对于某些易损件可以提供备用件，从而提高机器的利用率。

## 2.1.2　检测技术中的基本术语

在整个检测过程中会出现大量的专业术语，本章介绍的相关术语是参照中华人民共和国国家标准 GB/T 1182—2018 和 GB/T 1800.1—2020 而来的。由于本书所介绍的相关软件说明还没有对相关术语进行更新，因此，为了与软件的配套说明文档统一，在后边软件介绍章节中提到的相关术语仍有部分沿用着旧标准（GB/T 1182—2008 和 GB/T 1800.1—2009），如"形位公差""上偏差""下偏差"等，在此也进行了对照说明。下边就一些常见的术语进行阐述。

### 1. 有关"公差"的术语

（1）尺寸公差（简称公差）。公差是指允许的零件的尺寸、几何形状和相互位置的变化范围。它是由设计人员根据零件的功能要求给定的。对于同一零件，规定的公差值越大，零件就越容易加工，反之则越难加工。因此在满足零件功能要求的前提下，应尽量规定较大的公差值，以便于加工和获得最佳的经济效益。零件加工后的误差值若在公差范围内，则为合格件，若超出公差范围，则为不合格件。因此公差既是允许实际参数值变动的最大量，也是允许的最大误差。

（2）公差带。公差带是指在标注有公差的图中，由上、下极限偏差的两条线所限定的一个区域。其包括公差带大小、公差带位置两个参数。

### 2. 有关"尺寸"的术语

（1）尺寸。它是指用特定单位表示线性尺寸值的数值。它表示长度的大小，由数字和长度单位组成。毫米（mm）是尺寸特定的长度单位，在图样中 mm 可以省略不写，但当以其他长度单位表示尺寸时需标明。

（2）公称尺寸。它是指设计时给定的尺寸。它是设计人员在设计零件时根据使用要求，经过对刚度、强度计算或结构等方面的综合考虑，所给定的尺寸。为减少定值刀具、量具、夹具及型材等的规格，公称尺寸应该是按优先数系列选取的尺寸（即标准尺寸）。它是计算极限尺寸和极限偏差的起始尺寸。

（3）实际尺寸。它是指通过测量得到的尺寸。由于存在测量误差，所以实际尺寸并非尺寸的真值，且由于零件表面形状误差的存在，被测表面上不同位置的实际尺寸一般也是不同的。

（4）极限尺寸。极限尺寸是允许尺寸变化的两个界限值，它以公称尺寸为基数来确定。两个极限尺寸中较大的为上极限尺寸（即常见的"最大极限尺寸"），较小的为下极限尺寸（即常见的"最小极限尺寸"）。设计中规定极限尺寸是为了限制加工中零件的尺寸变动，实际尺寸在两个极限尺寸之间为合格。

### 3. 有关"尺寸偏差"的术语

（1）尺寸偏差。它是指某一尺寸减去公称尺寸所得的代数差。由于实际尺寸和极限尺寸有可能大于、小于或等于公称尺寸，所以偏差值可为正值、负值或零，在计算或书写时，必须带有正、负号。

（2）上极限偏差（即常见的"上偏差"）。它是指上极限尺寸减去公称尺寸所得的代数差。即

$$上极限偏差 = 上极限尺寸 - 公称尺寸 \tag{2-1}$$

（3）下极限偏差（即常见的"下偏差"）。它是指下极限尺寸减去公称尺寸所得的代数差。即

$$下极限偏差 = 下极限尺寸 - 公称尺寸 \tag{2-2}$$

（4）实际偏差。它是指实际尺寸减去公称尺寸的代数差。即

$$实际偏差 = 实际尺寸 - 公称尺寸 \tag{2-3}$$

（5）极限偏差。它是指极限尺寸减去公称尺寸所得的代数差［见式（2-4）］。上、下极限偏差统称为极限偏差。合格零件的实际偏差应在规定的极限偏差范围内。

$$极限偏差＝极限尺寸－公称尺寸 \tag{2-4}$$

上极限尺寸与下极限尺寸的代数差的绝对值，或上极限偏差与下极限偏差的代数差的绝对值即为所求的公差。即

$$公差＝｜上极限尺寸－下极限尺寸｜＝｜上极限偏差－下极限偏差｜ \tag{2-5}$$

由于加工误差不可避免，因此公差只能为绝对值。为了协调产品零件的使用要求与制造经济性之间的矛盾，零件应按规定的极限（即公差）来制造。

（6）平均偏差。它是指同一零件经过多次重复测量后获得的偏差的平均值。

（7）标准偏差 $\sigma$。它是指同一零件在多次的重复测量实验的过程中，其随机误差按正态分布规律时的均方根误差。具体算式为

$$\sigma = \sqrt{\frac{1}{n}(\delta_1^2 + \delta_2^2 + \cdots + \delta_n^2)} = \sqrt{\frac{1}{n}\sum_{i=1}^{n}\delta_i^2} \tag{2-6}$$

其中，$\delta$ 是随机误差，为单次测量时测量值与真值之差。

### 4. 有关"几何误差"的术语

几何误差包括形状误差、方向误差、位置误差和跳动。

（1）形状误差。形状误差是被测要素的提取要素对其理想要素的变动量。

（2）方向误差。方向误差是被测要素的提取要素对具有确定方向的理想要素的变动量。

（3）位置误差。位置误差是被测要素的提取要素对具有确定位置的理想要素的变动量，如位置度、对称度、同轴（心）度等。

（4）跳动。跳动是一项综合误差，该误差根据被测要素是线要素或是面要素分为圆跳动和全跳动。如今，几何误差的测量结果可以在测量软件的界面内显示。另外，测量结果还可以以文件的形式保存，并可以通过打印机进行打印，以便下次测量时使用。

产品在从生产到被判定为合格产品的整个过程中，产生几何误差有诸多因素，主要有以下几点：

① 在加工过程中，由于机床-夹具-刀具系统存在几何误差，以及加工中出现受力变形、振动和磨损等现象，被加工零件的几何要素不可避免地产生误差。这个过程中不仅会有尺寸偏差，还会有几何误差等。

② 在测量过程中，计量器具、测量方法的误差以及环境条件（如温度等）引起的误差等，使得测量不精确，从而存在测量误差。总之在测量时难免会有系统误差、随机误差和粗大误差。

几何误差不仅影响零件的装配性，还会影响产品的工作性能和使用寿命。特别是对精密、高速、重载、高温、高压下工作的机器或仪器的影响更为显著。因此，在生产过程中，必须要对零部件的几何误差进行检测，以便可以正确地判断零部件是否合格。还应通过对零部件几何误差的检测，根据其误差存在的状况，分析出误差产生的原因，从而可通过采取改进

加工工艺等有效的措施来提高产品质量。

### 5. 公差原则

在设计零部件时，根据零部件的功能性要求，往往需要对零部件的重要几何要素同时给出尺寸公差和几何公差。因此，有必要规定几何公差与尺寸公差之间的关系原则，应遵守的这些原则就称为公差原则。具体的公差原则主要有两个：

（1）独立原则

独立原则是指图样上给定的几何公差与尺寸公差相互无关，但应分别满足各自的要求。即尺寸公差仅控制局部实际尺寸的变动量，而不控制要素的几何误差。同样，图样上给定的几何公差与被测要素的局部实际尺寸无关，不论要素的局部实际尺寸大小如何，被测要素均应在给定的几何公差带内，且其几何误差允许达到最大值。

（2）相关要求

相关要求是指图样上给定的几何公差与尺寸公差相互有关的要求。根据被测要素应遵守的理想边界的不同，该要求可分为下列几项需满足的要求：

① 包容要求

遵守包容要求时，要求被测提取组成要素遵循最大实体边界。具体来说，是指要求被测提取组成要素处处不得超越其最大实体边界。所谓的最大实体边界是指尺寸为最大实体尺寸且具有正确几何形状的理想包容面。包容要求主要应用于需要严格保证配合性质的场合，仅适用于圆柱面和由两平行平面组成的单一要素。若遵循此要求，在标注形状公差时，应在尺寸公差或公差带代号后加注符号Ⓔ。

② 最大实体要求

最大实体要求是指被测要素的实际轮廓应遵守其最大实体实效边界，即当其实际尺寸偏离最大实体尺寸时，允许其几何误差值超出在最大实体状态下给出的几何公差值，而实际要素的局部实际尺寸应在最大实体尺寸与最小实体尺寸之间。

最大实体要求主要应用于保证装配互换或具有间隙配合的要素，即应用于尺寸精度、几何精度较低，配合性质要求不严，但要求能自由装配的零件。它只用于导出要素，多应用于位置度公差。凡是功能允许而又适用最大实体要求的情况下都应采用最大实体要求，以取得最大的技术经济效益。若遵循此要求，在标注几何公差时，应在几何公差框格中几何公差值和基准后加注符号Ⓜ。

③ 最小实体要求

遵循最小实体要求时，要求实际要素遵守其最小实体实效边界，即要求被测要素实际轮廓处处不得超出该边界，当其实际尺寸偏离最小实体尺寸时，允许其几何公差超出图样上给定的公差值，而其局部实际尺寸必须在最大实体尺寸与最小实体尺寸之间。

最小实体要求可应用于被测要素，也可应用于基准要素或是两者同时应用。遵循此要求可保证零件强度和最小壁厚等，以防止穿透，从而获得最佳的技术经济效益。注意，应用此要求后在标注时应在几何公差框格中几何公差值和基准后加上符号Ⓛ，表示此标注是遵循最小实体要求而来的。

④ 可逆要求

可逆要求是一种反补偿要求。上述的最大/最小实体要求均是实际尺寸偏离最大或最小实体尺寸时,允许其几何误差值增大,就可获得一定的补偿量。而实际尺寸会受其极限尺寸的限制,不得超出。而可逆要求则可表示当几何误差值小于其给定公差值时,允许其实际尺寸超出极限尺寸。

通常要求将可逆要求与最大或最小实体要求一起应用,允许在满足零件功能要求的前提下,扩大尺寸公差。可逆要求一般在不影响零件功能要求的场合均可选用。

由上述可见,几何误差的大小是衡量产品质量的一项重要技术指标,为了满足零件装配后均匀性的功能要求,保证零件的互换性和经济性,必须对零件的几何误差加以限制,即对零件的几何要素规定必要的几何公差。

在检测方面,国家标准《产品几何技术规范(GPS)几何公差　检测与验证》(GB/T 1958—2017)已规定,在测量几何误差时,应排除表面粗糙度、划痕、擦伤以及塌边等其他外观缺陷,并以测得要素代替实际要素来评定几何误差。

**6. 几何要素**

几何公差的研究对象是机械零件上的几何要素,简称要素,它是构成零件形状的基本单元,主要包括点、线、面。其中零件的几何要素主要有以下几种说法。

(1)理想要素。理想要素是指具有几何学意义的要素,即几何的点、线、面。它们不存在任何误差。图样上表达的几何要素被认定为理想要素,除非特别说明。

(2)实际要素。实际要素是指零件上实际存在的要素。国家标准规定,实际要素用测量得到的要素来代替。

(3)被测要素。被测要素是指根据在图样上给出的几何公差要求,从而成为检测对象的要素。被测要素又可分为两种:①单一要素,是指仅对其本身给出形状公差要求的要素;②关联要素,是指对其他要素有功能要求而给出方向、位置公差的要素。

(4)基准要素。基准要素是指用来确定被测要素方向或位置的要素。理想的基准要素简称为基准。

(5)组成要素。组成要素(即常见的"轮廓要素")是指组成轮廓的点、线、面等要素,它可直接被人们看到或摸到。

(6)导出要素。导出要素(即常见的"中心要素")是指与要素有对称关系的点、线、面(如零件的轴线、球心、圆心,两平行平面的中间平面等),其随着轮廓要素的存在而存在。

## 2.2　几何公差

根据对零件的几何误差分析,可得出零件主要有 14 种主要的几何公差,如表 2-1 所示。需要说明的是,新标准上几何公差有 19 种,但考虑到有几种是重复的,这里列出了其中主要的 14 种。

表 2-1　几何公差

| 公差类型 | 特征项目 | 符号 | 有无基准要求 | 公差类型 | 特征项目 | 符号 | 有无基准要求 |
|---|---|---|---|---|---|---|---|
| 形状公差 | 直线度 | —— | 无 | 方向公差 | 平行度 | // | 有 |
| | | | | | 垂直度 | ⊥ | 有 |
| | 平面度 | ▱ | 无 | | 倾斜度 | ∠ | 有 |
| | 圆度 | ○ | 无 | 位置公差 | 同轴（心）度 | ◎ | 有 |
| | | | | | 对称度 | ⊜ | 有 |
| | 圆柱度 | ⌀ | 无 | | 位置度 | ⊕ | 有或无 |
| 形状、方向或位置公差 | 线轮廓度 | ⌒ | 有或无 | 跳动公差 | 圆跳动 | ↗ | 有 |
| | 面轮廓度 | ⌓ | 有或无 | | 全跳动 | ⌰ | 有 |

下面分别介绍这几种公差类型。

## 2.2.1　形状公差

形状公差是指单一实际要素的形状所允许的变动全量，用于控制被测要素形状误差的大小。其特点是不涉及基准，其方向和位置均是浮动的，可随实际被测要素的方向和位置的变动而变动。

这里所谓单一实际要素，即基本的几何要素，它是二次及其以下的参数曲线和曲面，主要包括直线、平面、圆、椭圆、球、圆柱和圆锥 7 个元素。对应的单一实际要素的形状公差包括直线度、平面度、圆度、椭圆度、球度、圆柱度和圆锥形状公差。其中球度和椭圆度在国家标准中没有规定，另外，圆锥形状公差不常见，本文就不作详述。除去这些，主要有直线度、平面度、圆度、圆柱度 4 种形状公差。此外，还有个特殊的公差——轮廓度，它是指实际扫描数据与理论尺寸和形状的偏离值，可分为线轮廓度和面轮廓度两种。

### 1. 直线度

直线度公差用于控制（给定平面内或给定方向上、任意方向上）直线、轴线的形状误差。根据零件的功能要求，直线度可分为在给定平面内、在给定方向上和任意方向上三种情况。

1）在给定平面内

在给定平面内直线度公差带是距离为公差值 $t$ 的两平行直线之间的区域，如图 2-1（a）所示。图 2-1（b）所示的零件，上表面的各条素线直线度公差为 0.1 mm。被测表面的各条素线必须位于指引线箭头所指方向上距离为公差值 0.1 mm 的两平行直线之间。

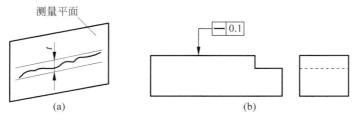

图 2-1　直线度——在给定平面内

（a）公差带；（b）公差标注

2）在给定方向上

在给定方向上直线度公差带是距离为公差值 $t$ 的两平行平面之间的区域，如图 2-2（a）所示。注意两平行平面只可约束棱线在给定的某方向上的直线度，不可约束在其他方向上的直线度。图 2-2（b）所示的零件，三角形柱状零件的棱线在某一方向上的直线度公差为 0.1 mm。棱线必须位于指引线箭头所指方向上距离为公差值 0.1 mm 的两平行平面之间。

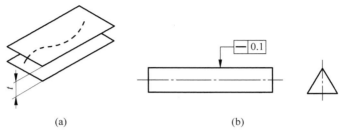

图 2-2　直线度——在给定方向上
（a）公差带；（b）公差标注

3）任意方向上

如图 2-3（a）所示，任意方向上直线度公差带是直径为公差值 $\phi t$ 的圆柱面内的区域。图 2-3（b）所示的零件，外圆柱轴线在任意方向上的直线度公差为 $\phi 0.08$ mm 的圆柱面内。外圆柱轴线必须位于直径为公差值 $\phi 0.08$ mm 的圆柱面内。注意在公差值前应加注 $\phi$。

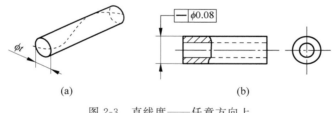

图 2-3　直线度——任意方向上
（a）公差带；（b）公差标注

**2. 平面度**

平面度公差用于控制平面的形状误差，它可能是由加工后刀具在工件表面上留下的许多微小的高低不平的波形所造成的。

如图 2-4（a）所示，平面度公差带是距离为公差值 $t$ 的两平行平面之间的区域。图 2-4（b）所示的零件，上表面的平面度公差为 0.08 mm。其实际表面必须位于距离为 0.08 mm 的两平行平面之间。

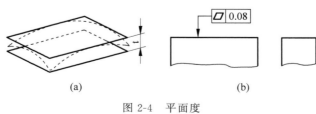

图 2-4　平面度
（a）公差带；（b）公差标注

### 3．圆度

圆度公差用于控制圆柱形、圆锥等回转体任意横截面圆的形状误差。如图 2-5（a）所示，其公差带为任意横截面上半径差为 $t$ 的两共面同心圆间所限定的区域。图 2-5（b）所示的零件，圆柱表面的圆度公差为 0.03 mm。在任一横截面上，零件的实际轮廓必须位于半径差为 0.03 mm 的两共面同心圆之间。

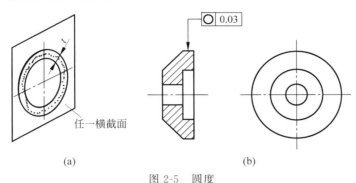

（a）　　　　　　　　　　　（b）

图 2-5　圆度

（a）公差带；（b）公差标注

### 4．圆柱度

圆柱度公差用于控制横截面和轴截面内的各项形状误差，是衡量实际圆柱体在横截面和轴截面内的各项形状的综合指标。

圆柱度公差带是半径差为公差值 $t$ 的两同轴圆柱面之间的区域，如图 2-6（a）所示。图 2-6（b）所示的零件，圆柱表面的圆柱度公差为 0.1 mm。被测圆柱表面必须位于半径差为 0.1 mm 的两同轴圆柱面之间。

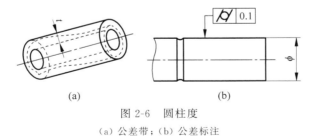

（a）　　　　　　　　　　　（b）

图 2-6　圆柱度

（a）公差带；（b）公差标注

轮廓度公差的公差带有两种情况：无基准要求的和有基准要求的。前者属于形状公差，此种轮廓度公差主要用于常用形状（直线、平面、圆、圆柱面等）以外的一般线或面要素，其公差带形状只由理论正确尺寸确定。后者属于位置公差，其公差带形状只由理论正确尺寸和基准来确定。在本小节中将对无基准要求的和有基准要求的轮廓度公差进行介绍。

所谓"理论正确尺寸"是用于确定被测要素的理想形状、方向、位置的尺寸。它仅表达设计时对被测要素的理想要求，该尺寸不附带公差。

### 5．线轮廓度

线轮廓度公差是指实际被测轮廓线对其理想轮廓线的允许变动量。线轮廓度公差分为两种情况：

（1）无基准。此种线轮廓度公差属形状公差。如图 2-7（a）所示，其公差带为一系列直径等于公差值 $t$，圆心位于具有理论正确几何形状上的一系列圆的两包络线所限定的区域。图 2-7（b）所示的零件，曲线的线轮廓度公差为 0.04 mm，被测轮廓线必须位于一系列直径为公差值 0.04 mm，其各圆圆心在理想轮廓线上的圆的两包络线所限定的区域内。

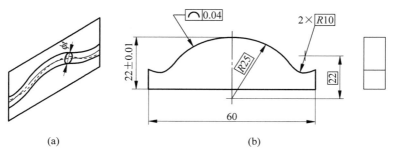

图 2-7    无基准的线轮廓度

（a）公差带；（b）公差标注

（2）有基准。此种线轮廓度公差是指实际被测要素对具有确定位置的理想轮廓度的允许变动量，属位置公差。如图 2-8（a）所示，其公差带是宽度为线轮廓度公差值 $t$，对理想轮廓面对称分布的两等距曲线之间的平面区域，既控制着实际轮廓线的形状，又控制其位置。其理想轮廓线的形状和位置是由理论正确尺寸和基准确定的，因此位置是唯一的。图 2-8（b）所示的零件，曲线的线轮廓度公差为 0.04 mm，被测轮廓线必须位于一系列直径为公差值 0.04 mm，其圆心在以左侧面 $A$、底面 $B$ 为基准的理想轮廓线上的一系列圆的两包络线之间。

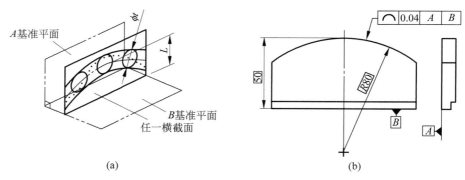

图 2-8    有基准的线轮廓度

（a）公差带；（b）公差标注

### 6. 面轮廓度

面轮廓度公差是指实际被测轮廓面对理想轮廓面的允许变动量。它是针对任意曲面偏离设计给定的形状而提出的技术指标。工程中许多复杂曲面（如汽车外形覆盖件等）的面轮廓具有重要的作用，所以对面轮廓度误差的测量和控制有着重要的意义。面轮廓度公差也可分为两种情况：

（1）无基准。此种面轮廓度公差属形状公差，如图 2-9(a)所示，其公差带为直径等于公差值 $t$，球心位于被测要素理论正确形状上的一系列球的两包络面所限定的区域。图 2-9(b)所示的零件，曲面的面轮廓度公差为 0.02 mm，被测轮廓面必须位于一系列球的两包络面之间，各球的直径为公差值 0.02 mm，且球心在理想轮廓面上。

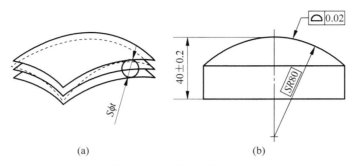

图 2-9 无基准的面轮廓度

（a）公差带；（b）公差标注

（2）有基准。此时理想轮廓面是指相对于基准为理想位置的轮廓面，其位置和方向是固定的。如图 2-10(a)所示，此种面轮廓度公差带是直径等于公差值 $t$、球心位于与基准平面成理论正确几何形状上的一系列圆球的两包络面之间的区域，其公差属于位置公差。图 2-10(b)所示的零件，曲面的面轮廓度公差为 0.1 mm，被测轮廓面必须位于一系列球的两包络面之间，各球的直径为公差值 0.1 mm，且球心位于与基准平面 A 成理论正确尺寸的理想轮廓面上。

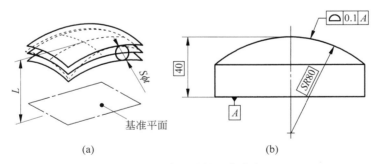

图 2-10 有基准的面轮廓度

（a）公差带；（b）公差标注

## 2.2.2 方向公差

方向公差用以控制被测要素相对于基准保持一定角度（180°、90°或任一理论正确角度）。其公差带可同时限制被测要素的形状和方向，其中方向是相对于基准所确定的方向，而位置是可以浮动的。因此，通常对同一被测要素给出方向公差后，不再对该要素给出形状公差。如需对它的形状精度提出更高的要求，可在给出方向公差的同时还给出形状公差，但此时形状公差的值必须小于方向公差的值。

被测要素和基准要素均可有直线和平面之分，因此，两者之间就可出现线对线、线对面、面对线、面对面四种形式。方向公差主要包括平行度、垂直度和倾斜度三种。

**1. 平行度**

平行度公差用于限制被测要素对基准要素平行的误差。它包括线对基准线的平行度、线对基准面的平行度、面对基准线的平行度、面对基准面的平行度等形式的公差。

（1）线对基准线的平行度公差。若公差值前加注符号 $\phi$，如图 2-11(a)所示，其公差带是直径为公差值 $\phi t$，且平行于基准轴线的圆柱面所限定的区域。图 2-11(b)所示的零件，被测轴线必须位于直径为公差值 $\phi 0.03$ mm 且平行于基准轴线 $A$ 的圆柱面内。

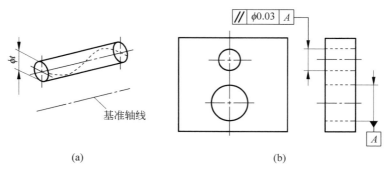

图 2-11　线对基准线的平行度公差
（a）公差带；（b）公差标注

（2）线对基准面的平行度公差。如图 2-12(a)所示，公差带是距离为公差值 $t$ 且平行于基准平面的两平行平面之间的区域。图 2-12(b)所示的零件公差标注，表示该零件的被测孔轴线必须位于距离为公差值 0.01 mm，且平行于基准平面 $B$ 的两平行平面之间的区域内。

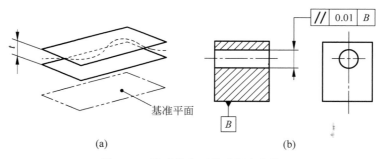

图 2-12　线对基准面的平行度公差
（a）公差带；（b）公差标注

（3）面对基准线的平行度公差。如图 2-13(a)所示，公差带是距离为公差值 $t$ 且平行于基准轴线的两平行平面之间的区域。如图 2-13(b)所示的零件，由该零件的公差标注可知，被测表面必须位于距离为公差值 0.1 mm，且平行于基准轴线 $C$ 的两平行平面之间。

（4）面对基准面的平行度公差。如图 2-14(a)所示，公差带是距离为公差值 $t$ 且平行于基准平面的两平行平面之间的区域。如图 2-14(b)所示的零件，由其公差标注可知，被测表面必须位于距离为公差值 0.01 mm 且平行于基准平面 $D$ 的两平行平面之间。

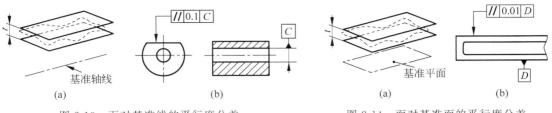

图 2-13　面对基准线的平行度公差　　　　　图 2-14　面对基准面的平行度公差

（a）公差带；（b）公差标注　　　　　　　　（a）公差带；（b）公差标注

**2. 垂直度**

垂直度公差是用来限制实际要素对基准在 90°方向上的变动量。它包括线对线的垂直度、线对面的垂直度、面对线的垂直度、面对面的垂直度等公差。

（1）线对线的垂直度公差。如图 2-15（a）所示，公差带是距离为公差值 $t$ 且垂直于基准轴线的两平行平面之间的区域。如图 2-15（b）所示的零件公差标注，说明被测轴线必须位于距离为公差值 0.06 mm 且垂直于基准轴线 $A$ 的两平行平面之间。

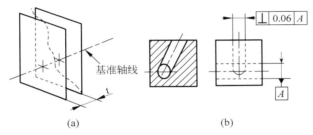

图 2-15　线对线的垂直度公差

（a）公差带；（b）公差标注

（2）线对面的垂直度公差。如图 2-16（a）所示，如在公差值前加 $\phi$，则其公差带是直径为公差值 $\phi t$ 且垂直于基准平面的圆柱面内的区域。如图 2-16（b）所示的零件公差标注，为任意方向上的垂直关系，表示被测轴线必须位于直径为公差值 $\phi 0.01$ mm 且垂直于基准平面 $A$ 的圆柱面内。

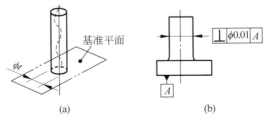

图 2-16　线对面的垂直度公差

（a）公差带；（b）公差标注

（3）面对线的垂直度公差。如图 2-17（a）所示，公差带是距离为公差值 $t$，且垂直于基准轴线的两平行平面之间的区域。如图 2-17（b）所示的零件公差标注，表示被测表面必须位于距离为公差值 0.08 mm 且垂直于基准轴线 $A$ 的两平行平面之间。

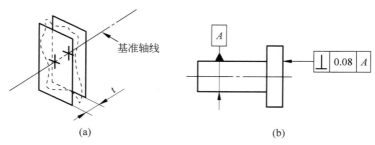

图 2-17　面对线的垂直度公差
（a）公差带；（b）公差标注

（4）面对面的垂直度公差。如图 2-18（a）所示，公差带是距离为公差值 $\phi t$ 且垂直于基准平面的两平行平面之间的区域。如图 2-18（b）所示的零件公差标注，表示被测表面必须位于距离为公差值 0.08 mm 且垂直于基准平面 $A$ 的两平行平面之间。

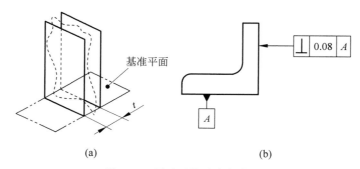

图 2-18　面对面的垂直度公差
（a）公差带；（b）公差标注

**3. 倾斜度**

倾斜度公差是指当被测要素和基准要素间有夹角（$0° < \alpha < 90°$）要求时，可采用倾斜度公差带。它包括线对线的倾斜度、线对面的倾斜度、面对线的倾斜度、面对面的倾斜度等公差。

（1）线对线的倾斜度公差。如图 2-19（a）所示为某一被测轴线和基准轴线在同一平面内的情形，其公差带为间距等于公差值 $t$，且与公共基准轴线成一定角度的两平行平面之间的区域。如图 2-19（b）所示的零件公差标注，说明被测轴线必须位于距离为公差值 0.08 mm，且与 $A$—$B$ 公共基准轴线成理论正确角度 60° 的两平行平面之间。

（2）线对面的倾斜度公差。图 2-20（a）所示为给定方向的情形，其公差带为间距等于公差值 $t$ 的两平行平面所限定的区域。该两平行平面按给定角度倾斜于基准平面。图 2-20（b）所示的公差标注，表明零件的被测轴线必须位于距离为公差值 0.08 mm，且与基准平面 $A$ 成理论正确角度 60° 的两平行平面之间。

若公差值前加注符号 $\phi$，此时则要求为任意方向上的，如图 2-21（a）所示，其公差带为直径等于公差值 $\phi t$ 的圆柱面所限定的区域，该圆柱面的轴线应平行于基准平面 $B$，并与基准

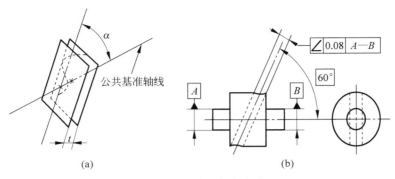

图 2-19　线对线的倾斜度公差

（a）公差带；（b）公差标注

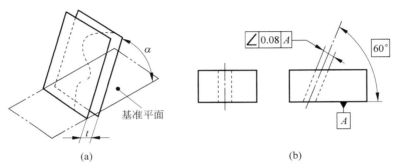

图 2-20　线对面的倾斜度公差

（a）公差带；（b）公差标注

平面 $A$ 成给定的角度。图 2-21(b)所示的倾斜度公差的标注,表明零件的被测轴线必须位于直径为 $\phi0.1\ mm$ 的圆柱面所限定的区域内,且该圆柱面的轴线应平行于基准平面 $B$,并与基准平面 $A$ 成理论正确角度 $60°$。

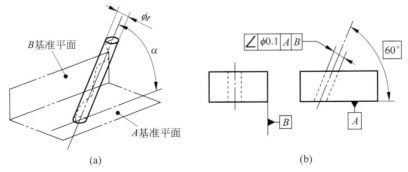

图 2-21　线对面的倾斜度公差

（a）公差带；（b）公差标注

（3）面对线的倾斜度公差。如图 2-22(a)所示,其公差带为间距等于公差值 $t$ 的两平行平面所限定的区域,该两平行平面按给定角度倾斜于基准轴线。图 2-22(b)所示的倾斜度公差的标注,说明零件的被测表面必须位于距离为公差值 $0.1\ mm$,且与基准轴线 $A$ 成理论正确角度 $75°$ 的两平行平面之间。

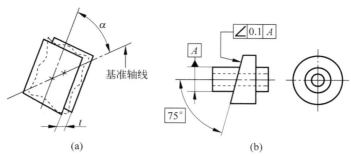

图 2-22　面对线的倾斜度公差
(a) 公差带；(b) 公差标注

（4）面对面的倾斜度公差。如图 2-23(a)所示,公差带为间距等于公差值 $t$ 的两平行平面所限定的区域,该两平行平面按给定角度倾斜于基准平面。图 2-23(b)所示的公差标注,表明零件的被测表面必须位于距离为公差值 $\phi0.08$ mm,且与基准平面 $A$ 成理论正确角度 $40°$ 的两平行平面之间。

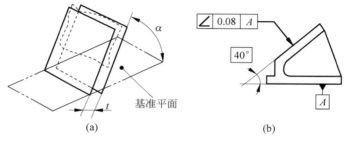

图 2-23　面对面的倾斜度公差
(a) 公差带；(b) 公差标注

## 2.2.3　位置公差

位置公差是指控制零件加工完成后,零件各表面或中心线之间的实际位置与其理想位置之间的允许变动量。其公差带具有确定的位置,相对于基准的尺寸为理论正确尺寸,具有综合控制被测要素位置误差、方向误差和形状误差的功能。位置公差主要包括同轴度、同心度、对称度和位置度四类。

**1. 同轴度公差**

同轴度为圆柱与圆柱的同轴度。图 2-24(a)所示为轴线的同轴度公差带示意图,即为直径等于公差值 $\phi t$ 的圆柱面所限定的区域。该圆柱面的轴线与基准轴线重合。图 2-24(b)所示的公差标注,表示零件的最大圆柱的轴线必须位于直径为公差值 $\phi0.08$ mm,且与 $A—B$ 公共基准轴线同轴的圆柱面所限定的区域内。

**2. 同心度公差**

如图 2-25(a)所示,圆的提取(实际)中心的同心度公差带为直径等于公差值 $\phi t$ 的圆周

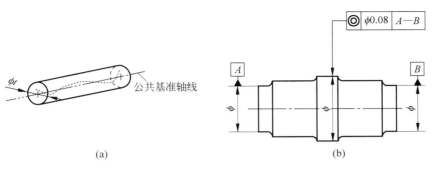

图 2-24　同轴度公差
（a）公差带；（b）公差标注

所限定的区域，且该圆周公差带的圆心与基准点 $A$ 重合。图 2-25（b）所示的公差标注，表示在任意横截面内，内圆的提取（实际）中心应限定在直径等于 $\phi 0.1$、以基准点 $A$（在同一横截面内）为圆心的圆周内。

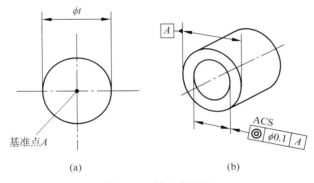

图 2-25　同心度公差
（a）公差带；（b）公差标注

### 3. 对称度公差

如图 2-26（a）所示，中心平面的对称度公差带为间距等于公差值 $t$，且对称于公共基准中心平面的两平行平面所限定的区域。图 2-26（b）所示的零件公差标注，表示被测中心平面必须位于距离为公差值 0.08 mm，且对称于 $A$—$B$ 公共基准中心平面的两平行平面之间。

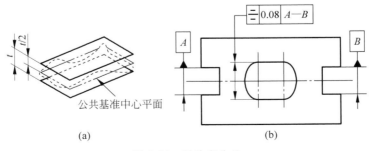

图 2-26　对称度公差
（a）公差带；（b）公差标注

**4. 位置度公差**

位置度公差是限制被测要素的实际位置对理想位置变动量的一项指标。其中,所谓的理想位置是由基准和理论正确尺寸、理论正确角度确定的。理论正确尺寸则是用以表示被测理想要素到基准之间的距离,它是不附带公差的精确尺寸,在图样上用加方框的数字表示,以便与未标注尺寸公差相区别。理论正确角度同理。

一般位置度公差可从点、线、面三个角度来分析度量,具体如下。

(1) 点的位置度公差。如图 2-27(a)所示,公差值前加注 $S\phi$,此时其公差带是直径为公差值 $S\phi t$ 的球内区域。其中,该球的中心点的位置是由相对于基准平面 $A$、$B$、$C$ 的理论正确尺寸确定的。图 2-27(b)所示的点的位置度公差标注,表明被测球的球心必须位于直径为公差值 $S\phi 0.3$ mm 的球内。该球的中心位于由相对基准平面 $A$、$B$、$C$ 的理论正确尺寸所确定的理想位置上。

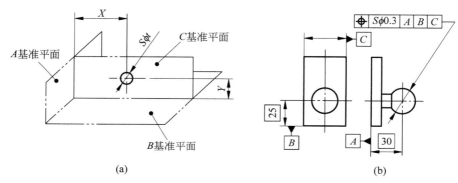

(a)    (b)

图 2-27    点的位置度公差

(a) 公差带;(b) 公差标注

(2) 线的位置度公差。线的位置度公差还可以细分到给定一个方向、给定两个垂直方向、任意方向三种类型,具体如下。

① 给定一个方向。图 2-28(a)所示为给定一个方向的线的位置度公差带,即距离为公差值 $t$,且以线的理想位置为中心线对称配置的两平行线之间的区域。其中,中心线的位置由相对于基准平面 $A$、$B$ 的理论正确尺寸确定,因此,此位置度公差值仅给定了一个方向。图 2-28(b)所示的零件的公差标注,表示 6 根刻线中的每根刻线的中心线必须位于距离为公差值 0.1 mm,且相对于基准平面 $A$、$B$ 所确定的理想位置对称的两平行线之间。

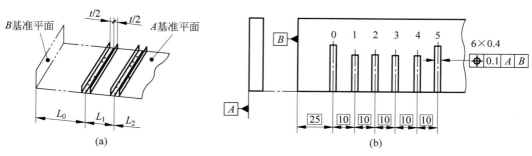

(a)    (b)

图 2-28    给定一个方向的线的位置度公差

(a) 公差带;(b) 公差标注

② 给定两个垂直方向。图 2-29(a)所示为给定两个垂直方向的线的位置度公差带，即两对互相垂直的距离为公差值 $t_1$ 和 $t_2$，且以轴线的理想位置为中心对称配置的两平行平面之间的区域。其中，轴线的理想位置由相对于基准平面 $A$、$B$、$C$ 的理论正确尺寸确定。因此，此位置度公差相对于基准是给定了互相垂直的两个方向。从图 2-29(b)所示的零件的公差标注可看出，该零件各个被测孔的轴线分别位于两对互相垂直的距离为 0.05 mm 和 0.2 mm，且相对于 $C$、$A$、$B$ 基准平面所确定的理想位置对称配置的两平行平面之间。

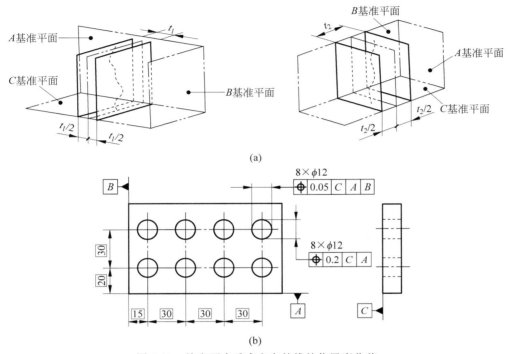

(a)

(b)

图 2-29　给定两个垂直方向的线的位置度公差

(a) 公差带；(b) 公差标注

③ 任意方向。图 2-30(a)所示为任意方向的线的位置度公差带，即直径值为 $\phi t$ 的圆柱面内的区域。此时该圆柱面轴线的位置是由相对于 $C$、$B$、$A$ 三基准平面的理论正确尺寸确定的。图 2-30(b)所示的某个零件的公差标注，表明被测轴线必须位于直径为公差值 $\phi 0.08$ mm，且以相对于 $C$、$A$、$B$ 三基准平面的理论正确尺寸所确定的理想位置为轴线的圆柱面内。

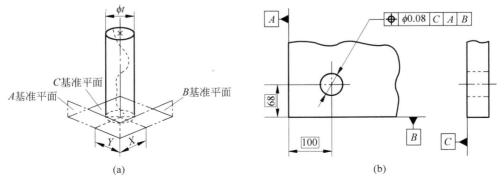

(a)

(b)

图 2-30　任意方向的线的位置度公差

(a) 公差带；(b) 公差标注

（3）面的位置度公差。图 2-31(a)所示为面的位置度公差带,即距离为公差值 $t$,且对称于被测面理想位置的两平行平面之间的区域。其中,面的理想位置是由基准平面、基准轴线和理论正确尺寸确定的。图 2-31(b)所示的某零件的公差标注,表示该零件的被测表面必须位于距离为公差值 $0.05$ mm,且对称于由基准线 $B$ 和基准平面 $A$ 的理论正确尺寸所共同确定的理想位置的两平行平面之间。

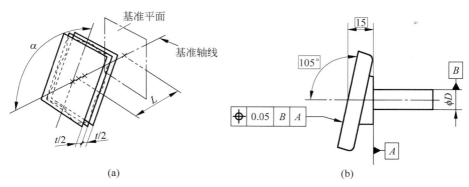

图 2-31　面的位置度公差

（a）公差带；（b）公差标注

## 2.2.4　跳动公差

跳动公差是以测量方法为依据规定的,与以基准作为确定被测要素的理想方向、位置和回转轴线的前三种公差类型不同,它具有一定的综合控制几何误差的作用。当被测要素绕基准轴线旋转时,以被测出的跳动量来反映其位置误差。它兼有对被测要素在形状、方向与位置上的综合精度要求。跳动公差又分为圆跳动公差和全跳动公差。

**1. 圆跳动**

圆跳动公差是指被测要素某一固定参考点围绕基准轴线旋转一周时(零件和测量仪器间无轴向位移)允许的最大变动量 $t$,圆跳动公差适用于每一个不同的测量位置。圆跳动公差可能包括圆度、同轴(心)度、垂直度或平面度误差,这些误差的总值不能超过给定的圆跳动公差。其中圆跳动包括径向、轴向、斜向等圆跳动。

（1）径向圆跳动公差。如图 2-32(a)所示,其公差带为在任一垂直于公共基准轴线的横截面内、半径差等于公差值 $t$、圆心在基准轴线上的两同心圆所限定的区域。图 2-32(b)所示的回转体的公差标注,说明当被测要素围绕公共基准轴线 $A$—$B$ 旋转一周时,在任一测量平面内的径向圆跳动量均不得大于 $0.1$ mm。

（2）轴向圆跳动公差。如图 2-33(a)所示,其公差带为与基准轴线同轴的任一半径的测量圆柱面上、间距等于公差值 $t$ 的两圆所限定的区域。图 2-33(b)所示的公差标注,表明该零件的被测面围绕基准轴线 $D$ 旋转一周时,在任一测量圆柱面内轴向的跳动量均不得大于 $0.1$ mm。

（3）斜向圆跳动公差。如图 2-34(a)所示,其公差带为与基准同轴的任一圆锥截面上、间距等于公差值 $t$ 的两圆所限定的区域。测量方向应是沿表面的法向。当标注公差的素线

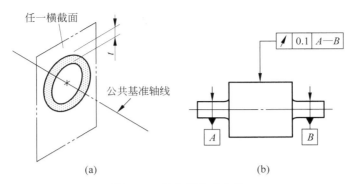

图 2-32 径向圆跳动公差

（a）公差带；（b）公差标注

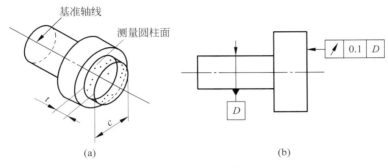

图 2-33 轴向圆跳动公差

（a）公差带；（b）公差标注

不是直线时，圆柱截面的锥角要随实际位置而变化。图 2-34(b)所示的公差标注，表明该零件的被测面围绕基准轴线 $C$ 旋转一周时，在任一测量锥面上的跳动量均不得大于 0.1 mm。

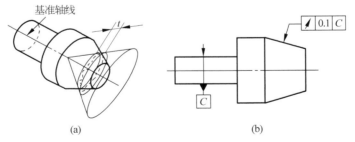

图 2-34 斜向圆跳动公差

（a）公差带；（b）公差标注

## 2．全跳动

全跳动公差是被测要素绕基准轴线作若干次旋转，且在测量仪器与工件间同时做平行或垂直于基准轴线的直线移动时，在整个表面上所允许的最大跳动量。它综合控制着整个实际要素相对基准要素的位置、方向和形状的跳动总量。如径向全跳动公差带可综合控制同轴度和圆柱度误差；轴向全跳动公差带可综合控制端面对基准轴线的垂直度误差和平面度误差。

全跳动公差通常有径向、轴向全跳动公差两种。具体如下：

（1）径向全跳动公差。如图 2-35(a)所示，其公差带为半径差等于公差值 $t$、与基准同轴的两圆柱面所限定的区域。图 2-35(b)所示回转体的公差标注，表明该回转体的被测要素围绕 $A$—$B$ 公共基准轴线做若干次旋转，并在测量仪器与工件间同时做轴向相对移动时，在被测要素上各点间的示值差均不得大于 0.1 mm。其中，测量仪器或工件必须沿着基准轴线方向并相对于公共基准轴线 $A$—$B$ 移动。

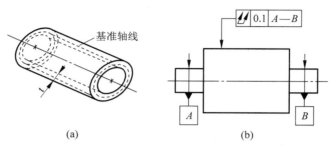

图 2-35　径向全跳动公差

（a）公差带；（b）公差标注

（2）轴向全跳动公差。如图 2-36(a)所示，其公差带为间距等于公差值 $t$、垂直于基准轴线的两平行平面所限定的区域。图 2-36(b)所示旋转体的公差标注，表明其被测要素围绕基准轴线 $D$ 做若干次旋转，并在测量仪器与工件间做径向相对移动时，在被测要素上各点间的示值差均不得大于 0.1 mm。其中，测量仪器必须沿给定方向的理想直线移动。

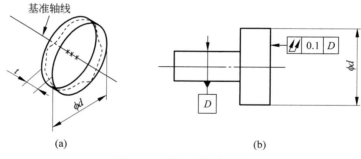

图 2-36　轴向全跳动公差

（a）公差带；（b）公差标注

# 第3章

# Geomagic Control X操作流程

## 3.1 Geomagic Control X 软件介绍

Geomagic Control X 是由美国 Geomagic 公司开发的一款功能全面的检测软件平台，它通过产品的 CAD 模型与实际制造件之间的对比，以实现产品的快速检测，并以直观易懂的图形来显示检测结果，可对零件进行首件检验、在线或车间检验、趋势分析、2D 和 3D 几何形状尺寸标注以及自动化报告等。

Geomagic Control X 软件的主要优点如下：

（1）软件功能更加完善，软件操作更加简便。Geomagic Control X 增加了 CAD 模型处理、探测 CMM 点和修改输出报告等功能，软件的操作步骤完全记录在模型管理器中，简化了软件的操作。

（2）支持的数据种类更加丰富。Geomagic Control X 支持各种标准的非接触式光学扫描仪和便携式探测设备，同时支持所有主流 CAD 文件格式、PMI 和 GD&T 数据的导入。

（3）检测过程快速、准确，且可记录、可重复。Geomagic Control X 能够记录检测过程，可应用于大批量产品的自动化检测。

（4）检测结果全面、可靠，且有多种形式可供选择。用户可选择性输出检测结果，创建个性化定制的注释样式，且有 PPT、PDF 等多种输出格式可供选择。

Geomagic Control X 应用于产品制造过程中的质量检测，能够及时发现产品制造过程中的问题，提高产品质量。产品设计者能够快速获取产品检测结果的反馈，进而开发出更具经济效益的产品，可有效提高产品的设计效率。该软件也使得检测结果能够以图表形式进行展示，令沟通更加简便、有效，软件操作的简便性也很大程度上减轻了用户的负担。大量的企业应用表明，Geomagic Control X 软件的应用可显著节约时间和资金，极大地缩短产品的开发周期，能够有效提升企业在市场上的竞争力。

产品的检测是产品生产过程中不可缺少的一环，是保证产品质量的技术基础，也是保障企业形象，提升企业竞争力的重要支撑，尤其在精密仪器制造、航空航天产品制造等对产品质量标准要求严格的领域。Geomagic Control X 已获得德国 PTB、美国 NIST 和英国 NPL 的权威认证，这证明该软件达到了广泛认可的误差检测水平，该软件目前仍不断在全世界范围内被推广，其应用也越来越普及。

## 3.2　Geomagic Control X 软件基本流程

用 Geomagic Control X 进行质量检测,需要先对导入或采集的参考数据和测试数据进行预处理,包括对两种数据的前期处理和对齐,之后进行对比分析,包括 3D 和 2D 间的比较,最后将检测结果以报告的形式输出。操作过程可概括为数据收集、预处理、比较分析、生成报告等几个阶段。

图 3-1 是 Geomagic Control X 操作流程图,从图 3-1 可知 Geomagic Control X 检测操作的大致步骤和功能。下面分别对各阶段的主要操作与功能进行介绍。

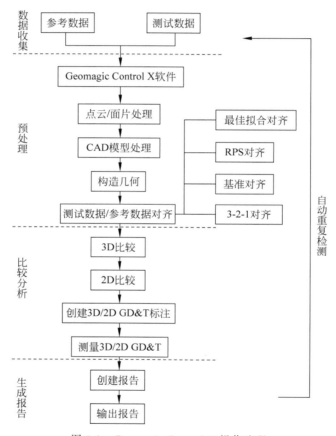

图 3-1　Geomagic Control X 操作流程

### 1. 数据收集

Geomagic Control X 的数据收集包括参考数据和测试数据的收集,参考数据一般为体现设计者原始设计意图的 CAD 模型数据,当缺少 CAD 模型数据时,可将精度较高的面片数据移动至参考数据。测试数据可以通过连接各种扫描设备实时采集,也可导入各种格式的点云数据或面片数据。一般情况下,Geomagic Control X 软件默认 CAD 模型数据为参考数据,点云或面片数据为测试数据。

**2. 预处理**

（1）点云处理

点云处理主要有删除噪点、数据采样和点云拼接等操作。使用三维扫描设备获得实物点云数据时，难免会引入一些杂点，因此，必须先使用"点"工具对点云进行处理，删除不良数据。操作时可以手动选择需要删除的区域进行删除，也可采用"去噪"命令，删除一些杂点。数据采样通过简化点云数据，可以在保持精度的同时加快检测过程。点云拼接是将零件的各部分点云数据拼接成一个完整的点云数据。当扫描设备不能将整个零件一次全部扫描时，可在零件上贴上标志点，把零件分成几个区域分别扫描，导入软件后再拼接成完整的零件点云数据。

（2）面片处理

面片即三角形网格数据。面片处理的命令主要有填孔、删除特征和编辑境界等。导入或创建的面片数据可能存在局部缺失、扫描时标记点处数据缺失以及无法全方位扫描导致的边界厚度缺失等不足。对面片数据进行处理时，通过"填孔"命令来填补缺失孔，对局部凸起或凹陷的部分，可通过"删除特征"命令将该部分变光滑。对边界太薄、局部数据缺失的面片数据，可通过"编辑境界"命令，对边界进行平滑、延长或拉伸等操作。另外，对分多次扫描的多个面片数据也可进行"对齐"操作，合并成一个完整的面片数据。

（3）CAD 模型处理

CAD 模型处理主要针对一些不完整实体或需要进行修改的曲面体，主要命令有偏移、镜像、缝合、分割面和赋厚曲面等。偏移可使曲面体、实体或所选体表面偏移，对仅有一半的对称实体进行镜像操作可使模型完整，也可对有需要分离或合并的曲面体进行分割面或缝合操作。在某些情况下，需对曲面片模型进行赋厚，以便更好地检测其表面参数。

（4）构造几何

构造几何可对参考数据和测试数据进行点、线、圆柱体和球体等对象几何参数的构建，主要的命令包括点、线、各种面（如圆、矩形和正多边形等）和各种体（如圆柱体、圆锥体和球体等）的几何构建。在测量实物模型、参考数据与测试数据之间的对齐以及后续的 3D 和 2D 比较中都可能会使用到构造的几何参数，构造的几何参数也可用于数据中位置的定义。

（5）对齐

处理后的测试数据和参考数据进行比较前，应将它们尽可能重合在一起，这样就可以通过对比看出各处的偏差。所以，应该首先通过坐标变换把两者统一到同一个坐标系下，即对齐操作。Geomagic Control X 提供了多种对齐方法，一般情况下，使用各种对齐方法需要先进行初始对齐，常用的对齐方法主要有以下四种。

① 最佳拟合对齐：对于一些没有明显基准和特征的模型或一些由自由曲面组成的曲面体模型，可使用"最佳拟合对齐"命令使测试数据和参考数据重合，其原理是对所设定的一定采样比率的点进行计算，使其整体偏差达到最小。采样比率依据具体模型设定，使用初始对齐后再进行最佳拟合对齐，能够进一步提高对齐质量。使用最佳拟合对齐时的整体偏差较小，但牺牲了一定的局部位置精度。

② RPS 对齐：RPS 对齐指的是参考点系统（reference point system）对齐，通过匹配特定的点（如圆心、长方形中心和球心）来对齐测试数据和参考数据。并且可以约束每一对点

的某个方向,将测试对象和参考对象对齐。约束方向可以是 $X$、$Y$ 或 $Z$ 轴方向,也可以是用户定义的方向,并且每对点可以有不同的方向。该方法在对齐过程中优先考虑关键的附加点,更适用于本身具有孔、槽等定位特征的钣金零件。

③ 基准对齐:先定义一系列基准对,如点、直线、曲线、边线、圆、平面、球、圆柱体、圆锥体等,然后根据这些基准对将测试数据与参考数据相匹配执行对齐。该对齐方式比较适合于形状规则或者具有明显特征的模型;或者在某部位对齐精度要求比较高,要保证该部位对齐时偏差比较小的时候,也可以根据实际情况在该部位建立一定的特征,然后通过基准对齐来约束匹配模型,从而优先保证模型在该区域的对齐精度。

④ 3-2-1 对齐:3-2-1 对齐是通过选定参考数据中面、线和点来进行对齐的,当模型具有三个或三个以上两两相交或垂直的平面,进行 3-2-1 对齐后能够很好地将模型约束对齐。3-2-1 对齐保证了选定对象的对齐效果,却牺牲了其他部分的对齐精度,容易引起偏差"一边倒"的现象,不像最佳拟合对齐一样能平均偏差。如果选定的对象数据本身误差比较大的话,还将影响整体对齐精度。

Geomagic Control X 软件还提供了转换对齐、坐标系对齐和自适应对齐等命令,可根据实际情况灵活选择相应的对齐方式。各种对齐方式有其适用特点,应依据模型特点以及检测要求进行选用。无论哪种对齐方式或多或少都会存在误差,对齐的目标就是保证在误差允许的范围内,使对齐误差尽量小。

**3. 比较分析**

Geomagic Control X 提供的主要检测功能包括整体偏差、截面偏差、重要点偏差(模拟 CMM 硬测)、轮廓投影偏差和边界偏差等,其中整体偏差通过生成三维彩色偏差图来反映整个模型各部位的误差情况;截面偏差通过二维截面图予以呈现;点偏差会显示测试数据和参考数据对应点的坐标以及二者的绝对距离;轮廓投影偏差用于检查装配时的配合情况;边界偏差则用于切边精度及回弹量的检测。另外,还可对实体模型进行 3D 或 2D 的 GD&T 的符号标注和尺寸测量,使得实体模型有更加详细的检测信息描述。

**4. 生成报告**

Geomagic Control X 在模型管理器中会对上述一系列操作进行记录,包括具体操作步骤和操作结果,最后将其以报告形式予以输出。报告的格式包括 PDF、PPT、Excel、CSV 和文本等,可在生成报告页面进行修改 logo、选择输出结果和调整页面布局等操作,输出个性化的结果报告。另外,Geomagic Control X 还可对操作步骤进行记录以实现自动化的大批量检测。对单个检测后的模型,其相应的检测步骤与检测结果也将保存在模型中,便于查看。

## 3.3　Geomagic Control X 软件的界面功能

### 1. 启动 Geomagic Control X 2020

可以双击桌面图标 **Cx** 启动 Geomagic Control X 2020,也可在"开始"菜单的程序中,找到 3D Systems Geomagic Control X 2020 文件夹,双击其中的 Geomagic Control X 程序。

**2. Geomagic Control X 2020 界面**

Geomagic Control X 2020 启动后,界面如图 3-2 所示。

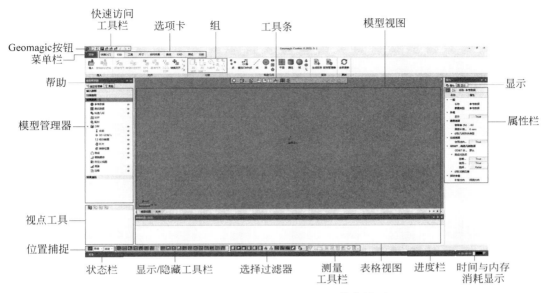

图 3-2　Geomagic Control X 2020 软件界面

(1) Geomagic 按钮(**Cx**)

Geomagic 按钮包括最大化、最小化、移动软件界面、还原软件界面和关闭软件等基本操作,可单击鼠标左键或右键弹出相应命令。

(2) 快速访问工具栏

快速访问工具栏包含的命令有:新建、打开、保存、导入、输出、设置、撤销和恢复,这些是操作软件过程中较常用的一些基础命令,如图 3-3 所示。

图 3-3　快速访问工具栏

① "新建"按钮(▢):单击该按钮,软件将询问用户是否保存当前变更,并创建一个空文件。

② "打开"按钮():打开 Geomagic Control X 文件及其检测文件

③ "保存"按钮():将检测完成后的模型保存为 Geomagic Control X 文件,该模型的操作步骤以及检测结果都将得到保存,以便用户之间的交流与查看。

④ "导入"按钮():可导入多种格式的模型文件,在"导入"对话框中可查看软件支持导入的文件格式。

⑤ "输出"按钮():可将参考数据或测试数据的几何形状转换成多种格式后进行数据输出,在"输出"对话框中可查看软件支持输出的文件格式。

提示:Geomagic Control X 支持目前主流三维软件导入和输出的文件格式,这使得该软件与其他计算机辅助设计软件有更好的交互性,其中输出的仅仅是模型的几何形状,并不包含软件对模型的处理过程及模型自带的制造信息(尺寸、公差等),该类信息只能通过"保存"为 Geomagic Control X 文件进行保留和查看。

⑥ "设置"按钮( )："设置"对话框如图 3-4 所示,可以设置模型的默认存储路径、模型的默认单位、鼠标的操作方式、模型的显示设置等。此外,还可设置 Geomagic Control X 软件是否支持各种扫描仪器和各种输入/输出的文件格式的种类,支持的语言种类,数字与时间的显示等。"设置"对话框一般根据用户需求和实际检测模型进行合理的设定。

图 3-4　"设置"对话框

⑦ "撤销"按钮( )：可使软件操作回退到上一步,可通过快捷键 Ctrl+Z 实现。

⑧ "恢复"按钮( )：可使操作回到当前状态,其对应的快捷键为 Ctrl+Y。

（3）选项卡

选项卡中包含的是软件操作中最常用到的命令,包括实时采集的设定、几何的构造、几何尺寸和公差的标注、曲线的编辑、参考数据和测试数据的编辑以及它们之间的对齐与比较等。选项卡中的各种命令根据其功能归类至不同的组中,各个组又相互组合归类至不同的选项中,比如在"尺寸"选项卡中,分为"设置""几何尺寸""几何公差"和"构造几何"四个不同的分组,如图 3-5 所示。

图 3-5　"尺寸"选项卡

（4）工具条

工具条位于模型视图的正上方,其命令包括调整视图的显示方向、改变模型的显示方式和变换鼠标的选择模式等,如图 3-6 所示。工具条中主要命令详述如下。

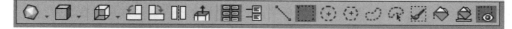

图 3-6　工具条

①"渲染"按钮（ 暂不用此，实际未提供 ）：将面片的显示渲染为单元面。单击右侧下拉按钮，还可将面片的显示变换为点集、线框或边线模式，另外，还能设置纹理与领域的启闭。

②"显示渲染的可视边线"按钮：参考数据导入后默认渲染显示，该按钮将参考数据的边线予以显现。单击右侧下拉按钮，还可设置隐藏渲染后参考数据的边线。另外，还可将参考数据以线框模式显现，使其显示所有边线或将不可见边线以虚线显示。

③"视图"按钮：将视图以前视图、后视图、左视图、右视图、俯视图、仰视图和等轴侧视图的形式进行显示，该按钮以参考数据为操作对象。

④"逆时针旋转视图"按钮：将视图逆时针旋转90°。

⑤"顺时针旋转视图"按钮：将视图顺时针旋转90°。

⑥"翻转视点"按钮：将当前视图翻转180°。

⑦"法向"按钮：单击该按钮，在参考数据或测试数据上指定一个面，可以是平面、圆柱面、圆锥面和自由曲面等，模型将以该面的法向面向用户展示。

⑧"快速自动定位"按钮：一种用于定位注释的工具，能够快速自动定位"模型视图"窗口内的注释。

⑨"捕捉对齐"按钮：一种用于对齐注释的工具，在注释没有重叠的前提下，能够快速对齐参考对象的注释。

⑩"直线选择模式"按钮：用户以绘制直线的形式选择模型上的要素。

⑪"矩形选择模式"按钮：选择用户用矩形选中的要素。

⑫"圆选择模式"按钮：选择用户用圆选中的要素。

⑬"多段线选择模式"按钮：选择用户用多段线选中的要素。

⑭"套索选择模式"按钮：选择用户自由绘制曲线内的要素。

⑮"自定义领域"按钮：选择用户选取部分的单元面。

⑯"画笔选择模式"按钮：选择模型区域中自由绘制路径上的实体。

⑰"涂刷选择模式"按钮：选择一个单元面，与该单元面直接或间接相连的所有单元面将被选中。

⑱"延长至相似"按钮：在面片中选择以相似曲率连接的区域。

⑲"仅可见"按钮：单击该按钮，处于高亮状态，将仅选择可见部分；关闭该按钮，将进行贯通选择。

（5）模型管理器

模型管理器是Geomagic Control X软件记录原始数据、操作步骤和结果数据的管理工具，包括输入数据、扫描流程、结果数据和结果浏览四个选项，其中前三个嵌套了一系列对象，对象中的每个选项记录了完成的操作步骤，都可以进行重命名、删除、隐藏或保存等操作，如图3-7所示。

"模型管理器"中的主要操作命令说明如下。

图3-7　"模型管理器"窗口面板图

"输入数据"选项,其中包含 CAD、面片/点云、构造几何和曲线四种数据类型,软件会自动判断输入的数据类型并将其归类,选择对应选项卡中的数据编辑工具也可对输入数据进行编辑。

单击"扫描流程"选项,软件将弹出"设计扫描流程"对话框,可设计扫描流程或从已有扫描流程的文件中导入扫描流程,该选项一般在实时采集选项卡中进行扫描设备的连接后使用。

"结果数据"选项是软件启动后默认展开的选项,其中包括参考数据、测试数据、构造几何、对齐、分析、曲线、测量和注释等内容,在该选项中进行测试数据的检测。"结果数据"中将保存输入的数据,记录对齐与分析等操作步骤,同时操作结果将保存在输出的数据模型中,以便用户间的交流。另外,在该选项下,可进行数据的导入,当需要导入带有 PMI 的数据模型时,需选择"菜单栏"→"文件"→"导入 PMI"来进行导入。

在"模型管理器"窗口中,如图 3-7 所示,单击右上角红框中 ![pin] 按钮,将使所有面板自动隐藏到软件界面的左边,所有面板的名称显示在软件界面左边的边界上,鼠标停留在这些名称上时,将使相应的面板临时显示出来。当面板显示出来时,单击 ![pin] 按钮将使窗口面板恢复到默认状态。

单击图 3-7 右上角红框中 ![x] 按钮,将使当前所显示的面板关闭。建议不要关闭任何默认的面板,如果不小心关闭了可在"模型视图"工具条上或在"视点"工具上方灰色区域单击鼠标右键,将需要固定的面板窗口找回,如图 3-8 所示,通过该设置也可找回其他面板窗口。

(6) 帮助

在 Geomagic Control X 软件模型管理器右侧的"帮助"窗口为用户提供了详细的软件功能介绍,包括软件的总体概述、突出优势、交互设置、检测流程、功能详解和数据显示等,如图 3-9 所示。单击"帮助"选项下所需的帮助项目,比如软件介绍,原"模型视图"区域将变为"帮助"窗口,其中含有对应详细的内容,如图 3-10 所示。

图 3-8　面板显示设置

图 3-9　"帮助"窗口面板

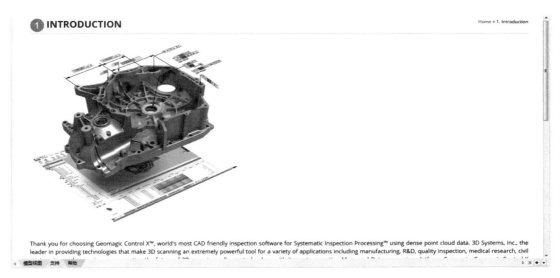

图 3-10　帮助明细

（7）模型视图

模型视图是显示参考数据与测试数据，并显示用户一系列操作结果的窗口。启动 Geomagic Control X 软件后，在"模型视图"区域默认为"模型视图"选项，其中包括坐标轴指示器、比例标识和鼠标操作提示，如图 3-11 所示。

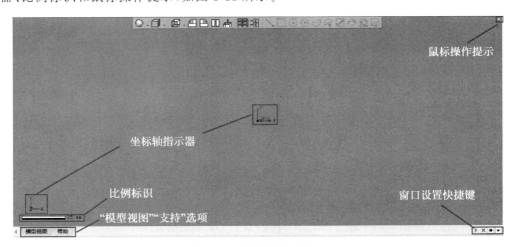

图 3-11　"模型视图"窗口

"坐标轴指示器"存在于视图窗口中心和左下角，是视图的一个全局坐标系，随着鼠标的操作将随着模型一起进行旋转、移动等。

"比例标识"类似于地图上的比例尺，可大概估计出模型的实际大小。

"鼠标操作提示"详细地罗列了鼠标的操作功能。

在"模型视图"区域的左下角，除了"模型视图"选项，还有"支持"选项，该选项为软件提供联机支持，用户可在此查看如何安装、激活各类 3D System 软件，如何进行分析、检测等各类软件功能，同时也可搜索如何解决使用软件过程中遇到的一些问题。

在"模型视图"区域的右下角存在一栏窗口设置的快捷键,其功能如下。

①"关闭"按钮(×):有多个窗口选项时,单击该按钮可关闭当前窗口。一般情况下,"模型视图"窗口无法关闭。

②"浮动"按钮(▣):有多个窗口选项时,单击该按钮使当前窗口浮动。一般情况下,"模型视图"窗口不可浮动,"支持"和"帮助"等其他窗口可浮动,单击▣可使浮动的窗口并入"模型视图"窗口,单击对应选项以实现窗口的切换。

③"窗口切换"按钮(▾):单击该按钮,可在多个窗口间进行切换。

（8）属性栏

在模型视图右侧的属性栏是针对参考数据的一系列信息的展示以及进行数据比较、几何构造和误差补偿等操作时的相关设置。属性栏分为两个界面,通过单击▦和▧↓来实现切换,这两个界面是根据是否对属性归类来划分的,如图 3-12 和图 3-13 所示,其中图 3-12 对属性进行了归类;在两个界面中单击"名称"和"属性"可改变对应项目下各选项的排序。

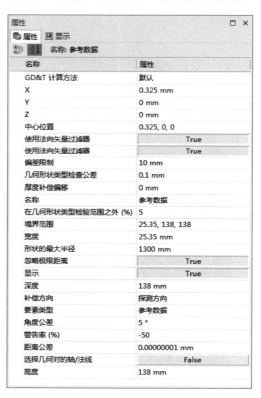

图 3-12　属性栏 a　　　　　　　　图 3-13　属性栏 b

在属性栏中,能够观察参考数据在三个坐标轴方向的大小及其中心位置,还可设置偏差限制、距离公差和角度公差等数值,可根据具体的参考数据模型和实际需要进行调整。

（9）显示

位于属性栏右侧的显示窗口是对"模型视图"区域显示的一系列设置,包括对"所有视图"与"当前视图"的设置。具体的有坐标系设置、一般设置、面片/点云设置、体设置、领域设置和断面设置,如图 3-14 所示,命令详述如下。

① 坐标系设置：控制模型视图中坐标系、比例、背景栅格、颜色面板、渐变背景、标签和原点坐标是否显示。

② 一般设置：可设置模型的透明度、投影方式、视点状态和光源数等。

③ 面片/点云设置：控制面片/点云的渲染、着色方式、显示范围和显示率等。

④ 体设置：设置控制体的显示模式和分辨率大小。

⑤ 领域设置：当导入的面片数据已划分好领域时，可控制领域的颜色显示与否。

⑥ 断面设置：当用平面切割面片/点云数据以显示其内部状况时，可控制该断面的显示与否。

（10）视点工具

在模型管理器下方存在一栏视点工具，这些工具能够设置多个自定义视图，同时在视点工具下方显示预览，视点工具包括添加视点、应用视点、仅显示所选视点和更新视点，如图 3-15 所示，各项工具详述如下。

图 3-14　"显示"窗口

图 3-15　"视点"设置

①"添加视点"按钮（　）：在"模型视图"区域选定某个方向视图，单击该按钮可添加一个自定义视图。

②"应用视图"按钮（　）：在模型管理器中选择一个自定义视图，单击该按钮可转换到选定的自定义视图。

③"仅显示所选视点"按钮（　）：模型被隐藏时，单击该按钮予以显示。

④"更新视点"按钮（　）：在某个自定义视图下，调整视图方位后单击该工具可更新当前的自定义视图。

（11）位置捕捉

位置捕捉工具栏　　　　　在软件界面左下角，用于设置位置捕捉的开闭、大小和方向。

（12）显示/隐藏工具栏

位于软件界面下方的显示/隐藏工具栏包含各种模型、几何、比较、注释和测量等的可见性设置，与"模型管理器"→"结果数据"下的选项对应，在该工具栏下的操作也可通过"模型管理器"下的　　按钮来实现。

显示/隐藏工具栏包括：　　　　　　　　　　　　　　　　　　　　。

显示/隐藏工具栏对应的可见性对象为：参考数据、测试数据、分析、比较、3D GD&T、横截面、参考几何、测试几何、点云、面片、曲面体、实体、点、线、圆、平面、圆柱、坐标系、测量、曲线。在该工具栏最右侧单击下拉按钮，可自定义工具条中的工具。

（13）选择过滤器

位于软件界面下方的选择过滤器控制是否仅选择某一对象，在模型较复杂，对齐、分析、注释、测量等较多时，合理利用该工具能够快速选择出需要选择的对象。

选择过滤器包括：　　　　　　　　　　　　。

选择过滤器对应的过滤对象为：体、面片和点云、面和领域、境界、边线、顶点、单元面、单元点云、断面、构造几何、GD&T、标签。

位于选择过滤器最右侧的　是"清除所有过滤器"按钮，单击该按钮，将无法选中过滤器中所包含的所有对象。单击选择过滤器最右侧的下拉按钮，可自定义过滤器中的过滤对象。

（14）测量工具栏

位于软件界面下方的测量工具栏包含尺寸、角度、区域、偏差等的测量，与选项卡中"尺寸"→"几何尺寸"对应，在该工具栏下的部分操作也可在"几何尺寸"组中实现。

测量工具栏包括：　　　　　　　　　　。

测量工具栏对应的测量工具为：模拟卡尺、直线距离、角度尺寸、测量半径、测量断面、测量区域、测量体积、面片偏差、注释。在工具栏最右侧单击下拉按钮，可自定义测量工具栏中的测量工具。

显示/隐藏工具栏、选择过滤器和测量工具栏对应的命令和图标如表3-1所示。

（15）状态栏

状态栏位于软件界面左下方，状态栏实时显示 Geomagic Control X 的运行状态，无操作时一直显示有"准备"字样，鼠标指向某个命令时，状态栏中显示该命令的名称。

表 3-1　底部工具栏命令

| 可见性：显示/隐藏对象的可见性 | | 过滤器：仅允许选择特定类型的对象 | | 测量：测量对象之间的尺寸 | |
| --- | --- | --- | --- | --- | --- |
| 命令 | 图标 | 命令 | 图标 | 命令 | 图标 |
| 点云 | | 体 | | 虚拟卡尺 | |
| 面片 | | 面片/点云 | | 测量距离 | |
| 曲面体 | | 面/领域 | | 测量角度 | |
| 实体 | | 境界 | | 测量半径 | |
| 点 | | 边线 | | 测量断面 | |
| 线 | | 顶点 | | 测量区域 | |
| 圆 | | 单元面 | | 测量体积 | |
| 平面 | | 单元点云 | | 面片偏差 | |
| 圆柱 | | 断面 | | 注释 | |
| 坐标系 | | 构造几何 | | | |
| 测量 | | GD&T | | | |
| 曲线 | | 标签 | | | |

（16）进度栏

在 Geomagic Control X 软件中导入数据、处理数据和输出数据的过程中，进度栏显示当前操作的进度，以百分比的形式予以显示，位于软件界面的右下方。

（17）时间与内存消耗显示

在软件界面的右下角，Geomagic Control X 会显示软件的时间和所占用的内存。

"时间选项"按钮（ 0:00:01.09 ）：单击时间右边下拉按钮，可设置显示的时间类型，包括合计时间、操作时间和当前系统时间，另外还可进行时间的重置。

"内存"按钮（ ■■■■ ）：包括内存消耗和内存自由磁盘空间的显示，二者都可以显示具体空间大小，其中内存消耗还以百分比形式显现。

**3. 鼠标功能**

在 Geomagic Control X 中灵活使用鼠标左键、中键和右键，能够提高操作效率。关于鼠标操作的说明可单击模型视图右上角的 ▶ 查看，详细的鼠标操作明细如表 3-2 所示。

表 3-2　鼠标功能

| | | |
| --- | --- | --- |
| 左键 | 左键 | 单击选择界面中的功能键和激活对象的元素<br>按住左键并拖拉激活对象的选中区域 |
| | 双击左键 | 在模型视图上双击左键可对要素重新编辑 |
| | Ctrl+左键 | 取消按住左键并拖拽激活对象的选中区域<br>执行与左键相反的操作 |
| | Alt+左键 | 选择时无视面片 |
| | Shift+左键 | 选择某一要素或取消选择某一要素 |

续表

| 中键 | 滑动滚轮 | 缩放——把光标放在要缩放的位置上,滚动滚轮即可放大或缩小视图<br>将光标放在数字栏里,滚动滚轮可增大或减小数值 |
| --- | --- | --- |
| 右键 | 右键 | 单击获得右键菜单<br>按住右键拖动,实现旋转 |
| | Ctrl+右键 | 平移 |
| | Shift+右键 | 放大或缩小 |
| 左右键 | 右键+左键 | 先右后左按住鼠标左右键拖动,实现平移 |

### 4. 快捷键

表 3-3 列出的是常用快捷键,Geomagic Control X 提供了部分常用操作的快捷键,通过快捷键可快速实现某个命令,节省操作时间。

表 3-3    常用快捷键

| 菜 单 | | 视 图 | |
| --- | --- | --- | --- |
| 命 令 | 快 捷 键 | 命 令 | 快 捷 键 |
| 新建 | Ctrl+N | 实时缩放 | Ctrl+F |
| | | 参考数据 | Ctrl+1 |
| 打开 | Ctrl+O | 测试数据 | Ctrl+2 |
| | | 分析 | Ctrl+3 |
| 保存 | Ctrl+S | 比较 | Ctrl+4 |
| | | 3D GD&T | Ctrl+5 |
| 选择所有 | Ctrl+A,Shift+A | 横截面 | Ctrl+6 |
| | | 参考几何 | Ctrl+7 |
| 反转选区 | Shift+I | 测试几何 | Ctrl+8 |
| 撤销 | Ctrl+Z | 清除所有过滤器 | Shift+F |

### 5. Geomagic Control X 的数据导入/导出格式

Geomagic Control X 的默认保存文件格式为 Geomagic Control X files,其后缀名为 CXProj。Geomagic Control X 支持的导入/导出数据格式见表3-4～表3-6。

表 3-4    扫描数据格式

| 3PI-ShapeGrabber | DPI-Dimensional Photonics | OPI-Open Technologies |
| --- | --- | --- |
| AC-Steinbichler | FLS-Faro S | PIX-Roland |
| ASC-generic ASCII | G3D,SURF-GOM | PMJ/X-3D Digital |
| BIN,SWL-Perceptron | GPD-Geomagic | SAB2-3D Scanners |
| BRE-Breuckmann | GTI-Genex | SCN,MGP-Laser Design |
| CAM,CDK,VVD-Minolta | HYM-Hymarc | STB-Scantech |
| COP-Pulsetech | ICV-Solutionix | XYZ-Opton |
| CWK-Kreon | MET,MTN-Metron | XYZN-Cognitens |
| DBT-Digibotics | NET-InSpeck | ZFS-Zoller&Frohlich |

表 3-5　多边形输入/输出格式

| 3DS | NAS | STL |
|-----|-----|-----|
| DXF | OBJ | WRL |
| IGS | PLY | |

表 3-6　CAD 输入/输出格式

| IGES | Pro/E PRT * | SAT |
|------|-------------|-----|
| STEP | Parasolid. x_b * | |
| VDA | * import only | |

提示：Geomagic Control X 中，数据可通过"打开"和"导入"两种方式进入软件平台，二者的区别为："打开"，每次打开新的数据文件，原来的数据文件将被擦除；"导入"则是在原有数据的基础上，添加新的数据文件，不会覆盖原来的数据。另外，在该软件与不同软件平台间进行数据交换时，可通过查看软件间的导入和导出的支持格式来判断是否可进行数据交换。后缀名为 CXProj 的文件是 Geomagic Control X 特有的一种格式文件，这种文件能够记录用户在软件中操作的全部步骤与结果，操作步骤与结果数据只能通过"打开"才能显示，"导入"则不行。多个模型数据处理后进行保存，将保存成一个后缀名为 CXProj 格式的文件。

# 3.4　Geomagic Control X 基本操作实例

目标：了解和熟悉 Geomagic Control X 软件的界面与基本操作，了解 Geomagic Control X 软件的相关设置，设置符合自己操作习惯的工作界面与操作方式。

本实例运用的主要命令有：

(1)"打开/导入"命令；

(2)"平移""旋转""缩放"命令；

(3)各类选择工具；

(4)"显示"设置；

(5)"工作目录"设置。

**步骤 1：打开/导入文件**

本步骤分别介绍打开和导入的几种方式。

## 1.打开文件

(1)启动 Geomagic Control X 2020 软件→菜单栏→文件→打开→结束。

(2)在软件启动后界面中，通过快捷键"Ctrl+O"打开文件。

打开文件后，弹出对话框，如图 3-16 所示。在对话框中选择配套文件中第 3 章模型数据文件夹所在目录，从中选择文件名为"叶片测试数据"的文件，单击"打开"按钮，文件被加载到"模型视图"区域，如图 3-17 所示。

图 3-16　"打开模型文件"对话框

图 3-17　打开文件模型

## 2. 导入文件

（1）启动 Geomagic Control X 2020 软件→快速访问工具栏：导入→结束。

（2）启动 Geomagic Control X 2020 软件→菜单栏→文件→导入→结束。

（3）启动 Geomagic Control X 2020 软件→选项卡：快速入门/初始→导入→结束。

导入文件后，弹出对话框，在对话框中选择文件所在位置，单击"打开"按钮，文件被加载到"模型视图"区域。如需打开最近使用的文件，可选择"菜单栏"→"文件"→"最近使用的文件"。

提示：文件的导入相较于打开有更多的支持格式，导入文件不会关闭上一个文件。当需要导入带有PMI的文件时，需要选择"菜单栏"→"文件"→"导入PMI"，在配套文件中选择"带有PMI的壳体模型"文件，如图3-18所示，此时导入的模型带有产品制造信息。

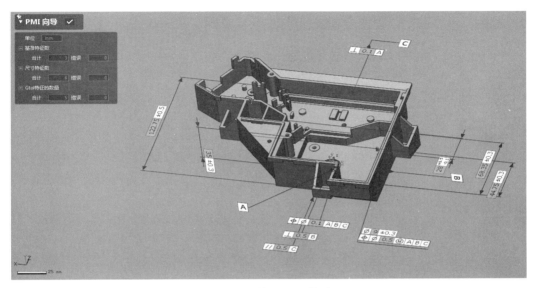

图3-18　导入PMI模型

**步骤2：旋转、缩放和平移**

（1）旋转视图中的对象

在视图区域按住鼠标右键不放并拖动鼠标，可以实现视图旋转。

（2）缩放视图中的对象

在视图区域内，滚动鼠标滚轮，可放大或缩小模型，向前滚动实现放大，向后滚动实现缩小。此外，还可通过"Shift＋鼠标右键"实现放缩，同时按住Shift和鼠标右键，鼠标向上移动实现放大，向下移动实现缩小。

（3）平移视图中的对象

先按住鼠标右键，再按住鼠标左键，拖动鼠标以实现模型的平移。此外，还可同时按住鼠标右键和Ctrl键，拖动鼠标以实现平移。

**步骤3：选择工具**

对数据进行对齐或检测的过程中，都需要针对数据选取其特征、边线等。Geomagic Control X针对不同数据类型提供了多种选择工具。

（1）点云数据

处理点云数据时，有时需对点云进行局部选择或全部选择。在模型视图上方提供了直线、矩形、圆、套索等多种选择点云的方式，如图3-19所示，选择后可通过组合键Ctrl＋D或单击空白区域取消选择。

（2）面片数据

与点云数据的选择类似，Geomagic Control X也提供了直线、矩形、圆等选择工具，用来对面片数据进行选择，选择后也可通过组合键Ctrl＋D或单击空白区域取消选择。

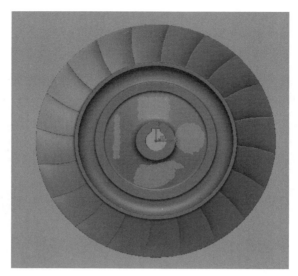

图 3-19    选择点云数据

提示：针对点云和面片的选择工具，在模型视图上方还提供了"仅可见"按钮，该按钮处于高亮状态时仅选择可见区域，取消选中该按钮时将选择贯通整个模型。此外，选择工具只有在"测试"选项卡下才被激活。

**步骤 4：自定义视图**

处理一些复杂模型时，为了更好地观察模型，通常会设置多个自定义视图，这些视图可供随时查看、增减等。

导入"连接件参考数据"文件，将模型调整到合适的角度后，单击视图左侧"添加视点"按钮，或选择"菜单栏"→"视图"→"视点"→"添加视点"，如图 3-20 所示，添加了一个局部放大后的自定义视图。

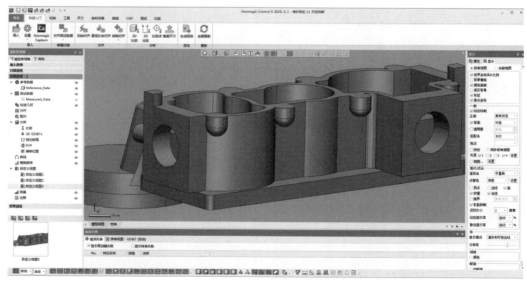

图 3-20    添加视点

添加视点后,可通过单击左侧"删除视点"按钮删除不需要的视点;单击"应用视点"按钮,使模型视图处于设置的视点位置,也可通过在自定义视图上双击鼠标左键来实现。此外,当模型较多被隐藏时,单击"仅显示所选视点"按钮,视图区域将只显示自定义视图的模型,"更新视点"按钮则用于调整自定义视图后的重置。

**步骤5：显示面板**

显示面板控制模型视图的显示设置,包括坐标系、背景、点云、面片、体、断面等。

(1)常规视图设置

一般的视图设置主要对整个"模型视图"区域进行显示的调整,导入点云文件,在显示面板中选中"坐标系""背景栅格""渐变颜色""标签"等选项,"模型视图"区域显示如图3-21所示。

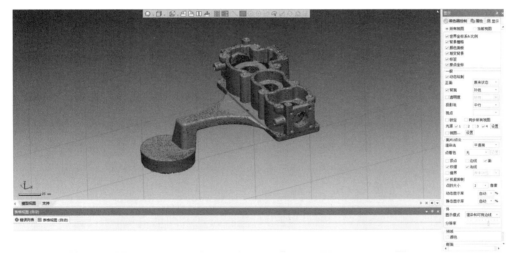

图3-21　常规显示设置

(2)面片对象的显示设置

导入"连接件参考数据"面片文件,在显示面板中选中"顶点"复选框,视图区域显示如图3-22所示,取消"顶点"选择,恢复原显示。

在显示面板中选中"边线"复选框,视图区域显示如图3-23所示,取消"边线"选择,恢复原显示。

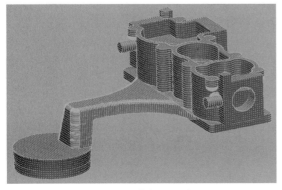

图3-22　面片数据的顶点显示

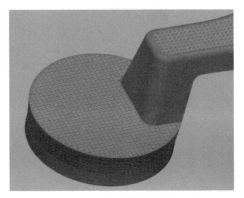

图3-23　面片数据的边线显示

**提示**：点云的显示主要可改变点的显示大小，在模型较复杂、点云数量较多的情况下能够更全面地观察模型，此外，还可通过调整静态和动态显示率（点云在模型视图中实际显示的比率）来查看模型的组成状况。面片的显示主要可调整其是否显示顶点和边线，通过显示状况可观察出组成面片的点云排列方式，即点云的类型。

（3）体对象的显示设置

导入参考数据模型，在显示面板中"体"→"显示模式"下选中"线框"复选框，视图区域显示如图 3-24 所示。

在显示面板中"体"→"显示模式"下选中"渲染"复选框，视图区域显示如图 3-25 所示。

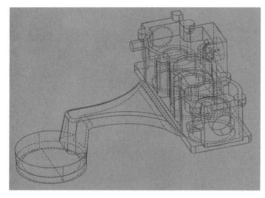

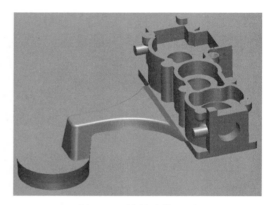

图 3-24　体的线框显示　　　　　　　　图 3-25　体的渲染显示

在显示面板"一般"→"视图"→"设置"中可进行视图裁剪的设置，通过该命令可观察模型内部情况，如图 3-26 所示。

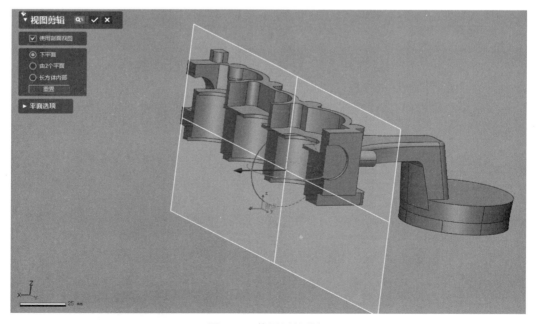

图 3-26　体视图的剪辑

**步骤 6：设置操作方式**

（1）工作目录

在 Geomagic Control X 中，单击快速访问工具栏中的"设置"选项，弹出设置对话框，如图 3-27 所示，在"一般"设置中，可改变用于用户文档的默认文件夹。

图 3-27　"设置"对话框

**提示**：在 Geomagic Control X 中，打开、导入的文件夹目录是上一次打开或导入的目录，一般不用专门设置一个默认文件夹。

（2）鼠标操作方式

Geomagic Control X 还提供了几种不同的主流三维建模软件的鼠标操作方式以供用户选择，用户可根据自己的操作习惯进行相关设置。主流三维建模软件包括 SOLIDWORKS、Creo、CATIA 等，如图 3-28 所示。设置方式为"设置"→"一般"→"视图"→"鼠标操作方式"。此外，通过"滚动鼠标滚轮缩放中心"还可设置视图的缩放中心，包括"画面中心"和"鼠标位置"两个选项。

图 3-28　设置鼠标操作方式

第4章

# Geomagic Control X数据处理

## 4.1　Geomagic Control X 中的数据类型

Geomagic Control X 的检测对象为参考数据和测试数据。参考数据一般为 CAD 数据，表示测试对象的理想或标准尺寸。测试数据一般为点数据或面片数据，表示的是测试对象的实际尺寸。测试数据可以采用由扫描仪直接输出或通过其他软件导入得到的检测对象的点数据、面片数据格式的文件。大部分扫描仪的数据格式文件都能直接导入 Geomagic Control X 软件来进行编辑和处理。扫描数据是由无数个几何点组成的，采集足够多的点可以表示出一个扫描对象的外形。参考数据一般作为检测的基准，可以经由其他三维软件建模后导入。Geomagic Control X 支持各类主流 CAD 数据格式，参考数据导入后也可根据需要进一步编辑。

### 4.1.1　点数据

通过各类扫描仪扫描获得的数据通常称为点云，由单独的位置点组成。Geomagic 软件（包括 Geomagic Control X 和 Geomagic Design X 等）支持一个点云文件的导入，或者多个点云文件的导入，或者由 Geomagic 扫描仪插件以一种快捷的方法将点云直接扫描进 Geomagic 软件。点云在 Geomagic Control X 中的显示颜色可为原来状态或统一颜色，原来状态是点云生成时默认的或其他平台导入时设定的颜色，统一颜色是 Geomagic Control X 设定的某种颜色，如图 4-1 和图 4-2 所示。点云导入 Geomagic Control X 后可进行去噪、采样和合并等操作，对点云进一步优化，为后期检测提供完善的模型基础。

点云数据的每个点都唯一定义了 X、Y、Z 坐标，对应在物体表面上的位置。在软件中能够显示点云，但大部分 3D 软件无法直接使用，通常将其转化为面片模型进行后续处理。由于扫描仪的不同，点云数据也分为不同类型，主要包括随机类型、网格类型、线性点云和带有法线的点云等。

随机类型点云仅包含位置的信息，点与点之间无关联；将 CMM、激光扫描系统、投影光栅测量系统或立体视差法获得的数据经过网格化插值后得到的点云数据即为网格类型的数据；线性点云由一组扫描线组成，扫描线上的所有点位于扫描平面内，由 CMM、激光三角测量等系统沿直线扫描或线结构光扫描的测量数据呈现该特征；带有法线的点云包

图 4-1　点云原始状态　　　　　　　　　　图 4-2　点云统一颜色

含测量点的法线信息,对于模型的可视化非常有用,能够较好地进行阴影处理和判断正反面。

### 4.1.2　面片数据

面片是点云用多边形(一般是三角形)相互连接形成的网格,即三角形网格数据,也可称为多边形数据。其实质是数据点与其邻近点的拓扑连接关系以三角形网格形式反映出来。Geomagic Control X 软件支持各种格式的多边形文件,最通用的一种格式为 STL。面片数据导入后,其颜色显示可通过右侧属性栏中"外观"选项进行设置。Geomagic Control X 软件提供了丰富的多边形处理命令,能够修复扫描时产生的缺失、叠加或不平滑等数据缺陷。

### 4.1.3　CAD 数据

Geomagic Control X 软件支持多种 CAD 文件格式(例如:IGES、STEP 等)的导入,或者使用 CAD 转换接口导入其他原始 CAD 文件格式。CAD 数据导入后,默认显示为银色,且显示边线,对应的颜色显示与境界范围、中心位置等信息的统计可在右侧属性栏中查看或修改,如图 4-3 所示。

### 4.1.4　Geomagic Control X 中的数据类型分类

Geomagic Control X 的检测目的是比较制造件的扫描数据与 CAD 模型的偏差。将这两个对象导入至"模型视图"区域,Geomagic Control X 会基于数据类型进行自动分类,CAD 模型会被指定为参考数据,扫描数据被指定为测试数据,如图 4-4 所示。在 Geomagic Control X 中允许同时导入多个参考数据和测试数据。在对齐过程中,参考对象是固定的,测试对象将会被移动至参考对象处,并在参考对象的基础上生成检测结果。

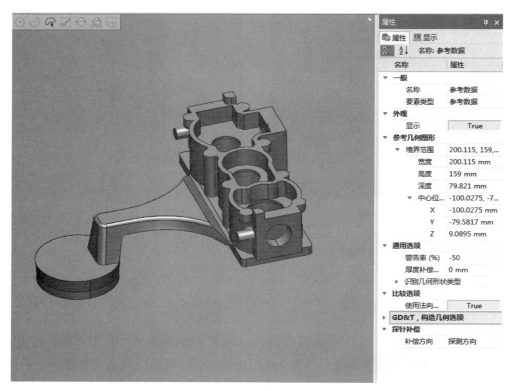

图 4-3　CAD 数据及其属性

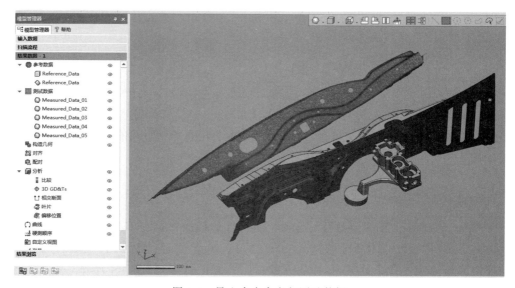

图 4-4　导入多个参考与测试数据

# 4.2 Geomagic Control X 点对象处理功能

## 4.2.1 点对象处理概述

利用各种扫描设备对实物模型进行大量离散点的采集。通常将大规模的离散点称为点云。点云能描述原型产品的整体形状特征和结构细节。然而由于扫描方式、扫描系统在测量过程中都不可避免地存在误差,使得获得的扫描数据不是很理想,存在以下不足。

(1) 体外孤点:扫描被测对象时,可能会扫描到一些背景物体(如桌面、墙、固定装置等),使得对象周围存在体外孤点,这些点无需保留,必须删除。

(2) 噪声点:扫描过程中,由于扫描设备轻微震动、扫描校准不精确或背景及灯光的影响等原因,有可能会产生一定量的噪声点,这些噪声点会导致检测工件时产生较大误差,应该在检测前做清除处理。

(3) 数据量大:一般情况下,由于初始点云数量很大,可达到上百万以上,这会使得计算速度较慢,需要对点云进行采样处理,只需保留必要的点云数据。

Geomagic Control X 点对象处理阶段主要是对初始扫描数据进行一系列的预处理,包括去除噪声、采样等处理,从而得到一个完整而理想的点云数据,或封装成可用的多边形数据模型。其主要思路是:首先设置导入点云数据的外观以更好地显示点云数据;然后对单个点云数据进行去噪、采样、创建面片或对多个点云数据进行合并、对齐等技术操作,使得点云在同一个坐标系下以相应的方式排列,从而得到高质量的点云或多边形对象。

## 4.2.2 点对象处理的主要操作命令

在 Geomagic Control X 中,点对象和面片对象处理的主要操作命令都位于"测试"选项卡下,其命令分布于不同的组中,如图 4-5 所示。

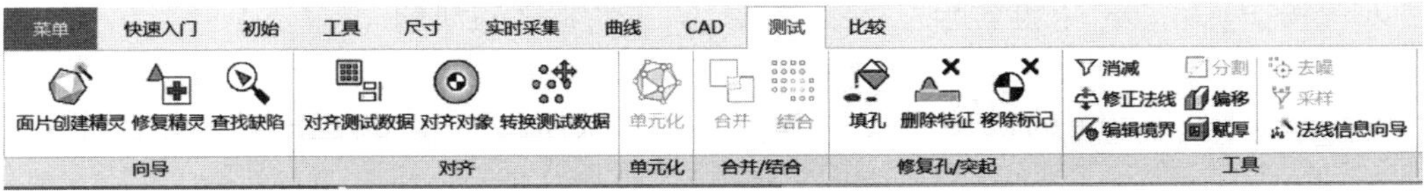


图 4-5 点对象处理主要命令

图 4-5 中高亮显示(即颜色较深)的命令是适用于处理点对象的,其中部分命令虽可执行,但一般较少使用。详细的点对象处理命令如下所述。

### 1. "向导"操作组

在点对象处理阶段,"向导"操作组主要提供创建面片的操作命令。

面片创建精灵( ):对点云进行三角形网格化,使点云数据转换为面片数据,包括"构造面片"和"高清面片构建"两种转换方式。

**2. "对齐"操作组**

"对齐"操作组提供两种对齐方式和几种变换操作。

（1）对齐测试数据（▥）：一个实物模型有时需多次扫描形成多个点云，该命令将多个点云以某种方式进行对齐，对齐方式包括自动对齐、手动对齐和整体对齐。

（2）对齐对象（◉）：通过匹配对象中的球形数据，粗略对准多个扫描数据。

（3）转换测试数据（transform measured data）（✥）：对点云数据进行回转、移动、按比例缩放和基准对齐等操作。

**3. "单元化"操作**

单元化命令用于将点云转换为具有几何形状信息的3D面片模型。

单元化（⬡）：通过连接点云数据创建单元面，以构建面片，该命令对可见点云有效。

**提示**："面片创建精灵"和"单元化"操作命令都是将点云数据网格化为面片数据，其中"单元化"操作命令增加了"2D单元化"和"3D单元化"两种单元化方式，两种方式的详细解释可参见实例部分命令的描述。

**4. "合并/结合"操作组**

（1）合并（⬚）：将多个点云数据转换为三角形网格数据后合并为一个多边形数据。该命令可用于合并两个或两个以上的点云数据为一个整体，多用于注册完毕之后的多块点云之间的合并。

（2）结合（▦）：直接将多个点云数据结合成一个完整的点云数据，同时在模型管理器中出现一项合并的点，该操作一般在点云对齐后进行。

**5. "工具"操作组**

（1）修正法线（✛）：翻转生成法线信息后点云数据的法线朝向。

（2）偏移（◢）：将点云数据向外或向内偏移某一距离值，形成新的点云数据。

（3）去噪（✤）：删除点云中的噪声点，即去除点云中的杂点、体外点等。所谓的噪声点是指模型表面粗糙的、非均匀的外表点云，是由于扫描过程中扫描仪器轻微的抖动等原因产生的。去噪处理可以使数据平滑，降低模型噪声点的偏差值，后期创建面片时能够使点云数据统一排布，更好地表现真实的物体形状。

（4）采样（✦）：由扫描仪得到的点云数据往往比较繁杂，该操作通过某种采样方式对点云进行采样处理。采样方式包括曲率采样、统一比率采样和统一距离采样。曲率采样是按照设定的百分比减少点云数据，同时可以更好地保持点云曲率明显部分的形状。统一比率采样是以某个比率对点云进行采样，适用于模型特征比较简单，比较规则的点云数据。统一距离采样是按照指定距离的方式对点云数据进行采样，该距离可通过估算或测量得到。

（5）法线信息向导（✿）：生成点云数据的法线信息，法线朝外时点云模型比朝内时高亮。

# 4.3 Geomagic Control X 点对象处理操作实例

通过扫描设备采集的点云数据，一般存在大量的冗余数据和噪声点，应通过"去噪"将扫描仪采集到的不必要的点进行清理，用"采样"来降低点云的密度。对于体积较大、模型复杂的物体，扫描设备难以一次性采集到物体的完整数据，需在不同方向和位置多次扫描，产生物体的局部数据，这就又需要对各个局部数据拼接、对齐、合并，以得到物体完整的点云数据。

目标：把点云数据转变为高质量的多边形对象，提高和优化点云对象，以便于接下来的对齐、检测过程。在本实例中主要对点处理的基本命令与点的对齐功能进行介绍，介绍载体为一个门把手模型，最终得到一个多边形对象。

本实例需要运用的主要命令：

（1）"测试"→"去噪"。

（2）"测试"→"采样"。

（3）"测试"→"对齐测试数据"。

（4）"测试"→"合并"。

（5）"测试"→"面片创建精灵"。

本实例的主要操作步骤：

（1）从原始点云数据中分离出有用点云数据，去除无用的冗余杂点。

（2）在保证整体外形特征前提下，根据曲率、比率或距离的方式来采样点云数据。

（3）对齐精简后的点云数据以创建完整扫描数据。

（4）合并多个点云数据以创建一个单独的点云数据。

（5）将点云数据面片化以创建多边形对象。

**步骤 1：导入"menbashou. asc"文件**

启动 Geomagic Control X 软件，单击快速访问工具栏中的"导入"按钮 ，弹出"导入"对话框，打开配套文件中的第 4 章模型数据文件夹，查找点云数据文件并选中 menbashou 1、menbashou 2 两个点云文件，然后单击"仅导入"按钮。门把手的点云数据导入结果如图 4-6 所示。以 menbashou 1 为例对点云数据进行去噪、采样处理。

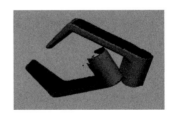

图 4-6 门把手的点云数据图

**步骤 2：去噪**

以导入数据为例介绍点云数据中关于去噪的操作。选择"测试"→"去噪"命令，弹出"杂点消除"对话框，如图 4-7 所示。"对象"选择 menbashou 1 和 menbashou 2 点云，每个杂点群集内的最大单元点数值设为 100，单击 OK 按钮，部分杂点从原始点云中被删除。杂点消除后的结果如图 4-8 所示。

**提示**：杂点群集是由单元点之间的平均距离决定的，如果杂点群集内单元点数量小于指定数值，该杂点群集就会被删除。

图 4-7　"杂点消除"对话框　　　　　　图 4-8　杂点消除结果图

**步骤 3：采样**

"采样"命令是根据曲率、比率或距离来减少单元点云的数量。选择"测试"→"采样"命令，弹出"采样"对话框，如图 4-9 所示。"对象"选择整个 menbashou 1 点云，"方法"选择"统一比率"，"采样比率"设置为 90%，勾选"不变更境界"，单击 OK 按钮，采样后的结果如图 4-10 所示。

图 4-9　"采样"对话框　　　　　　　图 4-10　采样结果图

"采样"对话框的主要选项说明如下。

（1）"方法"栏

"方法"栏中包含曲率、统一比率和统一距离三种方法。

① 曲率：根据点云的曲率流采样点云，勾选此选项，采样后高曲率区域采样的单元点数将多于低曲率区域，以此能够保证模型的精度。

② 统一比率：通过统一的单元点比率减少单元点的数量。

③ 统一距离：使用统一距离布局单元点，以此减少单元点数量。此方式可删除多余的单元点，构建点云格栅类型。

**提示**："方法"选择"统一距离"时，弹出对话框，如图 4-11 所示。在"选项"栏中，标示有"单元点云间的平均距离"，对其详述如下，在"单元点云间的平均距离"选项中，使用"测量距离"选项 ⟷ 或"测量半径"选项 ⊙，可以手动设置距离或半径。单击"测量距离"按钮 ⟷，点选两个单元点，可以测量两个单元点间的距离。单击"测量半径"按钮 ⊙，点选三个单元点，可以测量孔径的半径。单击"估算"按钮 ✳，可以估算平均距离。

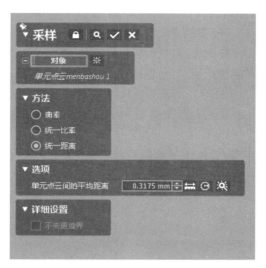

图 4-11　"采样"对话框

（2）"选项"栏

"选项"栏中可以设定对象单元顶点数和采样比率。

① 对象单元顶点数：采样后留下的单元点的目标数量。

② 采样比率：采样后单元点的数量占采样前单元点数量的百分比。

③ 详细设置：在其中可以选择是否变更境界，勾选后将保留境界即边界周围的单元点。

**步骤 4：对齐点云数据**

扫描数据对齐命令根据几何特征形状信息，可将由不同扫描方位得到的两个或多个 3D 扫描数据进行对齐。选择"测试"→"对齐测试数据"命令，弹出"对齐测试数据"对话框，如图 4-12 所示。"方法"选择"手动对齐"，"参照"选择 menbashou 1 点云文件，"参照显示框"

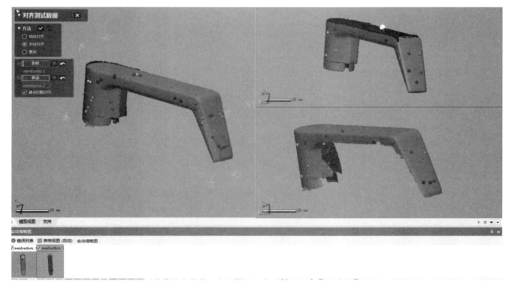

图 4-12　"对齐测试数据"操作图示

里面会出现 menbashou 1 点云的模型视图,"移动"选择 menbashou 2 点云文件,"移动显示框"会出现 menbashou 2 点云模型视图,勾选"最优匹配对齐"。依次把 menbashou 1 和 menbashou 2 点云模型摆正,分别选取两个点云模型相同位置的数个点(至少三个)。单击"方法"右侧的 OK 按钮,完成两组点云数据的对齐,手动对齐后的效果如图 4-13 所示。

**提示**:手动对齐选择点的过程中,如果错选或选择不当时可以使用快捷键 Ctrl+Z 来撤销选择,然后重新选择。为提高两组点云数据上选取相同位置点的对应程度,可以选取模型上特征较明显的位置。

手动对齐测试数据因主观因素较多难免有些不足,因此经过手动对齐后的点云数据还需进行一次更精确的对齐——整体对齐。在"对齐测试数据"对话框中选择"方法"为"整体","移动"选择刚才手动对齐后的 menbashou 1 和 menbashou 2 点云,单击 OK 按钮,得到整体对齐后的点云,如图 4-14 所示。

图 4-13    手动对齐效果          图 4-14    整体对齐效果

"对齐测试数据"对话框如图 4-15 所示,主要选项有三种:自动对齐、手动对齐、整体。具体分述如下。

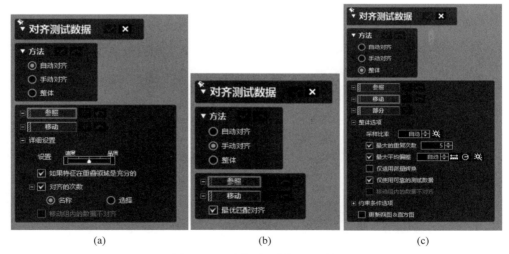

(a)                    (b)                    (c)

图 4-15    "对齐测试数据"对话框

(a)"自动对齐"方法对话框;(b)"手动对齐"方法对话框;(c)"整体"方法对话框

(1)自动对齐:根据几何特征形状自动对齐点云数据。

① 参照:选择扫描数据来定义参照要素。

② 移动：选择扫描数据来定义移动要素。可选择一个或多个要素作为移动对象来执行此命令。

③ 详细设置：调整操作设置。将滑块移动到"速度"，可快速对齐扫描数据；将滑块移动到"品质"，可更精确地对齐扫描数据。

④ 如果特征在重叠区域是充分的：如果扫描数据在重叠的区域有充分多的点云，有明显的特征，勾选该项，可以提高对齐的精度。如果重叠的区域是平坦的或是没有特征、很平滑，不建议使用此选项。

⑤ 对齐的次数：如果目标扫描数据是按一定次数的扫描顺序得到的，使用此选项可以得到更精确的对齐结果。"名称"即按照名称顺序对齐，"选择"即按照选择顺序对齐。

⑥ 移动组内的数据不对齐：移动组内的点云不进行对齐，使用参照组进行对齐。

（2）手动对齐：选择相应的点，手动对齐扫描数据。选择扫描数据作为"参照"和"移动"，在"参照"和"移动"窗口内选择相应的点，需要定义参照和移动要素相应的点才可以运行此命令。如果"自动对齐"失败或者扫描数据需要手动对齐时可以使用此方法。

最优匹配对齐：在运行"手动对齐"后，对已定义的相应点周围运行最优匹配对齐。

（3）整体：根据特征形状信息，使用重叠区域最低的偏差值来对齐扫描数据。在运行"自动对齐"或"手动对齐"后使用此方法以便得到更加精确的对齐结果。

① 部分：选择扫描数据作为部分要素。

注：需要至少从两个不同的3D扫描数据文件中选择参照点作为"部分"，才可以运行该命令。选择的部分参照点用于计算文件的对齐过程。在对齐之后，会在控制面板中显示整体对齐的结果，如平均值、标准偏差、RMS（均方根）。

② 采样比率：使用指定的值采样数据点。若设置为100%，会使用所有选定的数据；若设置为50%，就会使用选定数据的一半。一般单击"估算"命令得到具体数值。

③ 最大的重复次数：设置最大重复次数，一般可采取默认值。

④ 最大平均偏差：设置最大平均偏差，也可以采取"自动"。

提示："最大的重复次数"和"最大平均偏差"选项互相影响。例如，如果对齐过程中这两个选项都选择。只有当定义的最大平均偏差在最大重复次数内合适时，才会执行对齐命令。

⑤ 仅使用微量转换：由于锁定特征形状导致对齐困难时，选择仅使用微量转换。

⑥ 仅使用可靠的测试数据：仅使用可靠的扫描数据或者有效的重叠扫描区域，以得到更好的对齐结果。

⑦ 更新视图 & 直方图：用于在模型视图中查看对齐过程，实时更新直方图。

**步骤5：结合**

"结合"命令是将选定的点云或面片数据在不进行重构的情况下合并成为单一的点云或面片。选择"测试"→"结合"，弹出"结合"对话框，如图4-16所示。"对象"选择menbashou 1和menbashou 2点云数据，勾选"删除重叠领域"，单击OK按钮，此时点云变为一个整体，在模型管理器中会出现一个以 menbashou 1 & menbashou 2 命名的点云，如图4-17所示。

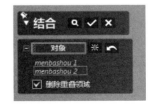

图4-16　"结合"对话框

图 4-17　结合后点云数据

"结合"对话框主要选项说明如下。

（1）对象：选择需要结合的目标点云。

（2）删除重叠领域：选择是否要删除重叠的点云，默认勾选。

**步骤 6：创建面片**

得到一个完整的点云后，选择"测试"→"单元化"，弹出"单元化"对话框，如图 4-18 所示。"点云"选择 menbashou 1 & menbashou 2，使用"高清面片构建"的方法，"高清过滤器"与"降噪级别"分别划至中间位置，"详细设置"中保持默认值不变，单击 OK 按钮，面片创建后的结果如图 4-19 所示。

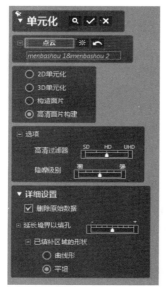

图 4-18　"单元化"对话框

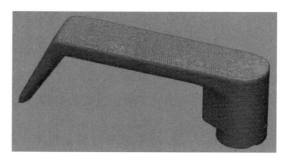

图 4-19　三角面片化后的模型

"单元化"对话框主要选项说明如下。

（1）点云：选择点云或者参照点。

**提示**：此选项不仅可以选择大规模点云，也可以选择参照点，选择的点云和参照点可以用于创建点云局部领域的多边形面片。

（2）2D 单元化：使用投影和重新定位的方法，利用点云创建多边形面片。将空间中的三维参照点投影到平面或者球面上，将已投影的点面片三角化，然后重新定位到原始位置。

① 平面：将参照点投影到垂直平面上，投影方向可以是"扫描方向"或"当前视图方向"，然后创建参照面。这种方式可用于在单一方向上扫描的 3D 扫描数据。

② 扫描方向：在扫描方向上投影，在模型视图中点云中的蓝色箭头所指方向即为扫描方向。在模型中单击箭头可以反转投影方向。如果点云没有法线信息，单击"查找扫描方向"按钮。

③ 当前视图方向：在模型视图中的当前视图方向上投影。

④ 球形：从 3D 扫描中心将参照点投影到虚拟球形上，然后创建参照面。此方式适用于面片三角化、类似于球形的 3D 扫描数据；该扫描数据是由长距离激光扫描仪中的球形扫描仪获得的。

⑤ 手动输入中心：手动输入中心位置的坐标。

**提示**：3D 扫描数据的中心在默认情况下跟随世界坐标系的原点(0,0,0)。如果在面片三角化之前移动了 3D 扫描数据，可根据移动信息输入新的坐标系原点的 X、Y、Z 坐标值。

⑥ 面删除标准：在运行 2D 面片三角化的时候过滤不规则的单元面。

⑦ 最大边线长度：删除边线长度比指定值大的单元面。

⑧ 最大面积：删除面积比指定值大的单元面。

⑨ 最大/最小边线长度比率：删除最长边线与最短边线之间的最大和最小比率大于指定值的单元面。

⑩ 投影方向和面的法线方向间的最大角度：删除投影方向与法线方向间的角度比指定值大的单元面。

（3）3D 单元化：通过连接参照顶点来创建三角形面片。此方式在最近的参照点间创建小的单元面，适用于通过点云创建多边形面片，且这些点云是由在不同的扫描方向下得到的多个扫描数据结合而成的。

扫描点云的距离标准：设置参照点之间的距离以将其连接，并创建单元面。

**提示**："估算"按钮可以估算参照点之间的距离，并在标准列框中显示出来。这个结果值表示的是点云的平均距离，双击该数值，可以编辑。如果需要其他数值，单击"追加"按钮。

（4）构造面片：根据点云的几何形状来创建单元面。适用于利用点云创建多边形面片，且这些点云是由在不同的扫描方向下得到的多个扫描数据结合而成的，不可以投影到任何垂直的平面上、球面上，也适用于需要利用统一的参照边线长度创建单元面。

几何形状捕捉精度：设置几何形状捕捉精度，如果滑块移向左端，会使用较少的单元面来创建形状。反之亦然。

扫描仪精度：根据扫描仪的规格设置扫描仪的精度。例如，如果目标 3D 扫描数据是由中/小尺寸扫描仪扫描的，默认值设置为 0.05 mm 是最合适的。如果目标 3D 扫描数据是由长距离激光扫描仪得到的，可根据扫描仪的精度提高数值。

**提示**：一般情况下，如果点云杂点较少，密度适中且对齐精度很好，可以使用"扫描仪精度"的最大值。滑块每降一个阶段，就会大约降低前一步骤一半的面片创建，结果不会是统一减少，高曲率的领域将会被更多保留，类似于运行了 50% 的取样。

（5）高清面片构建：通过匹配点云数据的整体结构来进行再单元化，从而创建单元面，此方法适用于利用没有太多开放境界的点云来创建多边形面片。

**提示**：如果想通过"高清面片构建"方式得到满意的结果，扫描数据必须有法线信息，并且最理想的是使用开放境界很少的数据,因为运算会延长境界,超出其内部设置。"高清面片构建"方式可以将法线信息与已连接的单元面保持一致,适用于长距扫描数据与没有境界的扫描数据。

（6）高清过滤器:控制将使用多少体素结构用于创建面片。体素结构数量越多就会使用越多的控制点来表示扫描数据的原始形状。

（7）降噪级别:调整降噪的级别,如果滑块滑到最强,噪声会降得很低,但是创建的面片会过于简化。

（8）删除原始数据:勾选此处会在单元化后删除原始点云。

（9）延长境界以填孔:在目标扫描数据的开放边界上调整延伸以填充漏洞。

（10）已填补区域的形状:在开放境界处,可选择曲线或直线创建封闭境界。

**步骤 7:保存文件**

将点云单元化处理后的模型数据进行保存。单击快速访问工具栏中的"保存"按钮,选择合适的保存路径,命名为 menbashou,文件类型为 CXProj,如图 4-20 所示,单击"保存"按钮,完成该阶段的处理。

图 4-20　保存模型文件

# 4.4　Geomagic Control X 面片对象处理功能

## 4.4.1　面片对象处理概述

为了参考数据与测试数据的对齐和比较效果更佳,通常对测试数据进行几何构造、填充孔和编辑境界等操作,此时点云数据无法满足操作要求,故一般将点云数据转换为面片数据,通过生成领域等操作做进一步处理。面片数据可以通过点云数据来转换,也可通过其他软件平台处理后输入。对面片数据进行处理是基于面片数据存在的一些缺陷,这些缺陷包括以下几方面。

（1）相交单元面：理想的面片数据是三角形单元紧密连接，即边与顶点共享，但当共享顶点的边彼此相交时，就会导致多个单元面相交，即相交单元面。

（2）冗余单元面：一般情况下，面片数据中三角形单元的顶点被其周围有限个面和边共享，但当共享的面和边超出一定限度，就会出现多余的单元面，形成多层表面或表面上若干单元面凸起，即冗余单元面。

（3）非流形单元面：在流形拓扑中，两个面可以定义一条边。当面共享三条或更多条边时，拓扑是非流形的。

（4）扭曲或逆转的单元面：点云数据部分缺失、噪声和误差等可能造成数据的拓扑关系混乱，从而使得生成的单元面发生扭曲或逆转等缺陷。

以上的这些缺陷会影响对齐、检测等后续处理，因此，Geomagic Control X 多边形处理阶段的工作是修复面片数据上的错误网格，通过平滑、锐化、编辑境界等方式来优化面片数据，得到一个理想的面片，为后续对齐、检测做好准备。

### 4.4.2　面片对象处理的主要操作命令

多边形对象处理的主要操作命令位于"测试"选项卡下，其命令分布于不同的组中，如图 4-21 所示。

图 4-21　多边形对象处理主要命令

**1. "向导"操作组**

"向导"操作组提供了三个快速处理面片的工具，能够用于创建、修复和优化面片。

（1）面片创建精灵（　）：基于原始的扫描数据创建面片模型。在多边形阶段，通过此命令重新生成面片并完善补洞，得到质量更高的面片。

（2）修复精灵（　）：用来检索面片模型上的缺陷，如重叠单元面、非流形单元面、悬挂单元面、相交单元面等，并自动修复各种缺陷。

（3）查找缺陷（　）：自动查找并显示面片中存在缺陷的单元面，缺陷包括非流形单元面、相交单元面、多余单元面、扭曲或逆转的单元面等，查找后缺陷以自定义颜色显示，供用户查看。

**2. "对齐"操作组**

"对齐"操作组提供两种对齐方式和几种变换操作。

（1）对齐测试数据（　）：将多个面片数据以某种方式对齐，对齐方式包括自动对齐、手动对齐和整体对齐。

（2）对齐对象（　）：通过匹配对象中的球体数据，粗略对准多个扫描数据。

（3）变换测试数据（　）：对点云数据进行回转、移动、按比例放缩和基准对齐等操作。

**3. "合并/结合"操作组**

"合并/结合"操作组提供的工具适用于两个及两个以上面片数据情形。

（1）合并（▣）：将两个及以上的面片合并，创建为单一面片。操作过程中将删除重叠区域，并缝合相邻边界。此命令有四种合并方式，即曲面合并、体积合并、构造面片、高清面片构建。

（2）结合（▦）：直接将两个及两个以上面片数据结合成单一的面片数据，此操作不会对面片数据进行重构，仅对面片数据简单叠加，操作时可选择是否删除重叠区域。该操作一般在对齐后进行。

**4. "修复孔/突起"操作组**

"修复孔/突起"操作组用于修复面片上诸如孔洞、突起等缺陷，所包含的工具如下。

（1）填孔（🖐）：填补面片上的孔洞。该命令提供了六种填孔方式，可根据面片的特征形状灵活选择，填孔方式包括"追加桥""填补凹陷""删除突起""删除岛""境界平滑""删除单元面"。

（2）删除特征（🔺）：删除面片上的特征形状或不规则的突起，重新建立单元面。提供平坦、曲率两种方式对已删除的区域进行填补操作。

（3）移除标记（⚒）：扫描时的标记点位置存在数据缺失，转换成面片后会形成孔洞，该命令查找指定半径内的孔洞并将其填补。

提示：编辑面片并不是总以得到理想面片为目标，面片处理后的用途不同，其处理的要求也不尽相同。如果是为了参数化建模和检测，处理过程中应注意保留与原始数据偏差较小的面片以及能够反映模型上重要特征的面片。如果是为了快速对原型和曲面进行拟合，处理过程中应注意尽可能修复扭曲、缺失的面片以及删除重叠、多余、反转等错误单元面。

**5. "工具"操作组**

"工具"操作组用于处理修复缺陷后的面片，进一步优化或编辑面片。

（1）消减（▽）：保持几何特征形状的前提下，按一定的比率减少单元面的数量。

提示：面片的分辨率越高，文件越大，处理速度越慢；分辨率越低，处理效率高，但无法精确反映物体特征信息。理想的面片应在保证物体特征信息的前提下，用尽量少的单元面来表示模型，且高曲率区域具有较密集的单元面，低曲率区域具有较稀疏的单元面。图4-22为面片消减前（左）和消减后（右）的单元面分布。

（2）修正法线（⚜）：调整面片单元面的法线方向，主要针对外部导入的面片数据。

（3）编辑境界（📐）：编辑面片的边界，降低边界的不光滑度，改善面片形状。编辑方式包括"平滑""缩小""拟合""延长""拉伸""填补"。

（4）分割（▱）：将一个完整的面片以某种方式分割成多个部分，操作方法包括自定义多段线、用户自定义平面等。分割后的面片对象会形成多个并分别显示在模型管理器中，可由用户选择是否隐藏。

（5）偏移（🖌）：设定一定距离，沿着某个方向创建新的面片。该操作有两种偏移方式："曲面"偏移对象为面片中的单元面；"体积"偏移对象为面片中的单元顶点，继而根据偏移

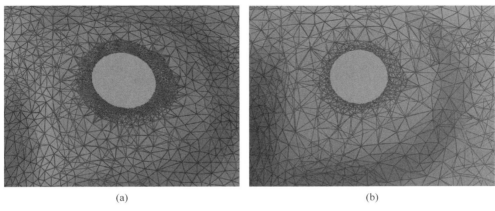

图 4-22　面片的消减前后单元面分布

(a) 消减前面片；(b) 消减后面片

后的单元顶点创建新的面片。

(6) 赋厚(▣)：在恒定距离处创建新面片以添加壁厚。

# 4.5　Geomagic Control X 面片对象处理操作实例

Geomagic Control X 中,点云数据通过单元化创建面片或从外部导入面片数据后,还需要进行一系列的修复和优化处理,从而得到一个高质量的多边形模型。本实例以一个中隔板模型为例介绍面片对象的操作。

本实例主要有以下几个步骤：

(1) 导入多边形模型；

(2) 修复错误的单元面；

(3) 填补孔洞；

(4) 编辑境界。

**步骤 1：导入模型**

启动 Geomagic Control X 软件,打开配套文件中第 4 章数据模型文件夹中的"钣金件面片数据",选择"测试"选项卡,进入面片模型的编辑界面,如图 4-23 所示。选中该模型,单击右侧"属性",可以在该窗口查看当前模型的单元顶点数为 203 626、单元面数为 397 678、境界数为 42,此外,还可以计算当前模型的体积、面积和重心。

**步骤 2：修复错误单元面**

选择"测试"→"修复精灵",弹出"修复精灵"对话框。"对象"选择当前模型,单击"下一步"按钮,图 4-24 所示为检索到的错误单元面情况,不同错误单元面以不同的颜色区分,在面片模型上有对应的标识。

查找出面片模型的缺陷后,单击 OK 按钮,软件将修复这些缺陷。修复后可通过单击"查找缺陷"按钮来检查修复结果是否符合预期效果。

图 4-24 所示对话框中显示了错误单元面的类型和数量,对话框中主要选项说明如下。

(1) 重叠单元面：单元面之间的夹角小于某个值(默认为 18°)的面。

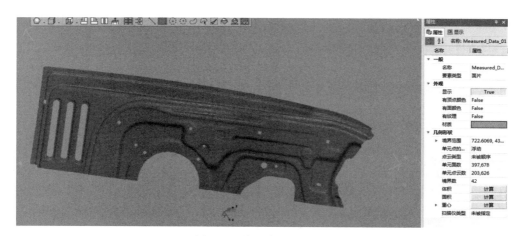

图 4-23　钣金件面片模型

（2）悬挂的单元面：有两条或三条边线不与其他单元面边线重合的单元面。

（3）小群：孤立于主面片的面片群。

（4）小的单元面：面积小于某个值的单元面。

（5）非流形单元面：共用三条以上的单元边线的单元面。

（6）相交单元面：共享顶点的边彼此相交的单元面。

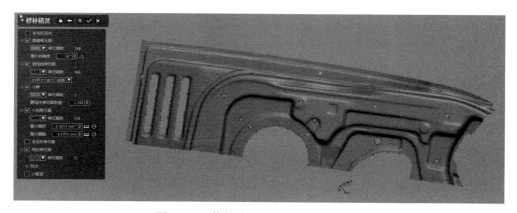

图 4-24　"修补精灵"对话框与面片模型

**步骤 3：填补孔洞**

选择"测试"→"填孔"命令，弹出"填孔"对话框，如图 4-25 所示。"境界"选择需要填补的孔洞，"方法"选择"曲率"，为了不漏掉孔洞，单击"境界"右侧的"下一步"按钮 ➡ 来寻找每个需要填充的孔，"详细设置"中保持不变，单击 OK 按钮，得到填补完孔洞的面片模型，如图 4-26 所示。

"填孔"对话框中主要选项说明如下。

（1）境界：单击激活后，在模型上选择需要填补的境界，可同时选择多条境界。单击"上一步"按钮 ⬅ 或"下一步"按钮 ➡，可查看模型中存在的境界。选中后的境界将使用同一种编辑工具进行编辑。

（2）编辑工具：模型中孔的类型有内部孔、边界孔等，针对不同的境界需选用不同的编

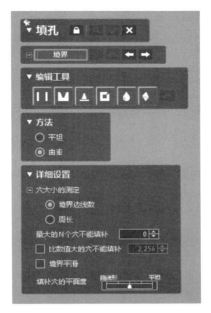

图 4-25　"填孔"对话框

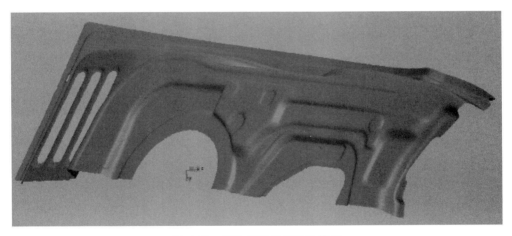

图 4-26　填补完孔洞的面片模型

辑工具,共包含六种工具,详述如下。

① 追加桥(▮▮):该工具适用于当孔比较大或在边界形成缺口时,操作时先在边界上单击一个单元面上的边,按住鼠标左键拖动至该边界另一个位置单元面的边,二者间建立了一条单元面,将原先较大的孔分割为两个较小的孔,如图 4-27 所示。

② 填补凹陷(◩):适用于边界孔,操作时在边界一边选中一个点,在另一边再选中一个点,两点之间及其内部将被单元面填补,如图 4-28 所示。

③ 删除突起(◣):用于删除边界上突起的单元面,操作时在边界上选择一个点作为起点,在另一个适当位置选择一个点作为终点,两点之间将形成剪切路径,将外侧突起的单元面删除掉,如图 4-29 所示。

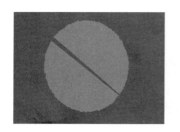

图 4-27　追加桥

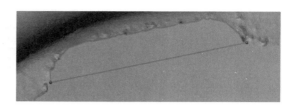

图 4-28　填补凹陷

④ 删除岛（）：该工具将删除孤立于主面片的小群（一个或多个单元面组成），操作时单击小群上一点将其删除。

⑤ 境界平滑（■）：选择需要平滑的边界，降低边界的粗糙度。

⑥ 删除单元面（■）：选择需要删除的单元面，单击键盘Delete键予以删除。

（3）方法：填充孔时创建单元面的方法。平坦：用平坦的单元面填充孔；曲率：根据边界的曲率创建单元面来填充孔。

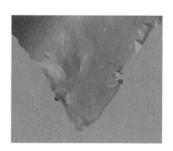

图 4-29　删除突起

（4）详细设置：用来设置测定穴（即待填充孔）大小的方式、优化填充的孔等。

① 穴大小的测定：包括两种测定方式，即境界边线数（边界上单元边线数量）和周长（孔的周长）。

② 最大的 N 个穴不能填补：默认设置为 0，表示每个孔都要进行填补。也可根据实际情况进行调整。

③ 比数值大的穴不能填补：根据设定的穴的大小，超过设定值的穴不能填补。

④ 境界平滑：勾选后，软件先将要填充的孔变平滑，降低边界粗糙度，以便于填补复杂的孔。

⑤ 填补穴的平面度：默认设置在中间，左端为按曲率填充，右端以平坦方式填充，该操作用于设置填充孔的平面度。

**提示**：针对不同类型的孔应采用不同的编辑工具。对于简单的孔，对话框中的"编辑工具"不用设置，只需选择该孔的境界。对于曲率变化明显、位于边界等复杂的孔，则直接在对话框中设置"编辑工具"，不用设置"境界"。

**步骤 4：编辑境界**

扫描数据的误差导致边界凹凸不平，下面通过"编辑境界"命令来拟合面片数据的边界，平滑内部的边界。

选择"测试"→"编辑境界"命令，弹出"编辑境界"对话框，如图 4-30 所示，对话框中提供了六种边界编辑工具。

先对内部的边界进行平滑，"方法"选择"平滑"，单击"境界"，选择钣金件面片模型左端的三个内部边界，如图 4-31 所示，对话框中的"平滑选项"保持默认值不变，单击 OK 按钮完成操作。

再次单击"编辑境界"工具，"境界"选择模型的外边界，"方法"选择"拟合"，选择"拟合选

图 4-30 "编辑境界"对话框

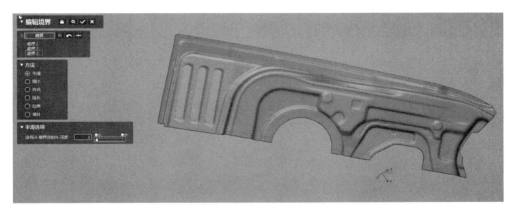

图 4-31 平滑内部边界

项"→"自由"命令,"详细设置"使用默认值,最后单击 OK 按钮完成操作,拟合后外边界如图 4-32 所示。

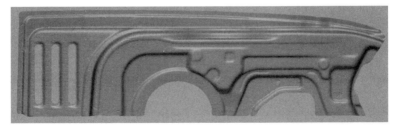

图 4-32 拟合境界

对话框中境界编辑主要选项如下。

(1) 境界:选择需要编辑的境界。单击"分割境界"按钮 ,可通过插入断点来分割境界。

(2) 方法:包括六种编辑工具,详述如下。

① 平滑:降低境界的粗糙度,平滑境界。平滑选项:设置编辑境界的影响范围(深度),

范围内将高亮显示。

② 缩小：删除边界附近的单元面。缩小选项：设置需要缩小的范围。

③ 拟合：将境界拟合成指定的特征形状，包括圆、矩形、腰形孔、多边形、自由形状等。拟合选项：设置境界的拟合形状，详细设置：设置拟合的平滑程度。

④ 延长：在境界附近增加单元面，延伸的方向沿着边界处单元面的切线方向，"延长选项"设置延长的距离，勾选"延长面片的优化和平滑"进一步优化延长的面片，"重复平滑数"设置平滑延长面片的次数。

⑤ 拉伸：拉伸目标边界，"拉伸选项"设置拉伸边界的方式和拉伸距离，包括"距离""到平面""自定义"。

⑥ "填补"：在境界处填补单元面，"填补方法"包括"平坦"和"曲率"，"详细设置"设置是否合并被分割的境界，是否平滑境界，还可设置填补穴的平面度。该命令与"填孔"命令类似。

**步骤 5：保存文件**

将进行一系列处理后的面片数据进行保存。单击快速访问工具栏中"保存"按钮，选择合适的保存路径，命名为"钣金件面片数据（处理后）"，文件类型为 CXProj，如图 4-33 所示，单击"保存"按钮，完成该阶段的处理。

图 4-33　保存文件

# 4.6　Geomagic Control X CAD 对象处理功能

## 4.6.1　CAD 对象处理概述

在 Geomagic Control X 中，CAD 对象一般作为参考数据，是能够反映设计者设计意图和零件理想尺寸的模型数据。CAD 对象一般是设计者的最终实体模型或加工的标准实体模型，可分为特征模型、非特征模型和混合模型。特征模型由各类特征（圆柱、圆锥、球体等）

组合而成,是最简单的一种模型,后续的相关操作简便,容易实现;非特征模型主要是指无明显特征的不规则曲面模型,这类模型在进行对齐时操作难度较大,有时需要对该模型进行进一步处理才能进行后续操作;混合模型是较常见的一种模型,既有规则的几何特征,又有不规则的曲面特征,该模型结合了规则特征的易操作优势,但有时需要确定主要的几何特征,以保证在重要位置的检测精确性。

CAD 对象一般不需要进行大范围的编辑操作,导入的 CAD 对象通常作为标准的参考数据来进行后续的对齐、3D 分析与 2D 分析等操作,但有时也存在导入的 CAD 对象法线方向错误、不完整、过厚或过薄等不足,为了更好地进行对齐与分析操作,需要对 CAD 对象进行编辑。

## 4.6.2　CAD 对象处理主要操作命令

CAD 对象处理主要操作命令位于 CAD 选项卡下,包括"工具"操作组和"设置"操作,如图 4-34 所示。

图 4-34　CAD 对象处理主要操作命令

### 1. "工具"操作组

(1) 反转法线( ⊹ ):将曲面法线方向反转到相反方向。

**提示**:曲面模型自带有法线方向,即存在正面和反面,法线指向的外侧面为曲面模型的正面。在 Geomagic Control X 中,曲面模型正面的显示默认一般相较于反面要高亮些,如图 4-35 和图 4-36 所示,此外,在模型视图右侧的"显示"工具栏中,还可对反面显示进行颜色自定义。

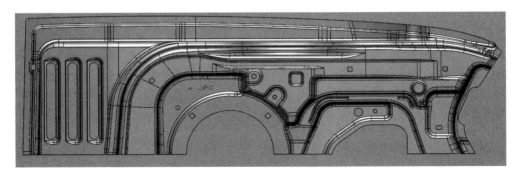

图 4-35　曲面模型正面

(2) 偏移( ◢ ):可将曲面体、实体或所选体表面偏移一段用户自定义距离,偏移的方向为所选对象的法线方向,可选择是否删除初始对象。

(3) 镜像( ◮ ):将曲面体或实体以某个用户自定义平面为中心进行镜像,一般用于具

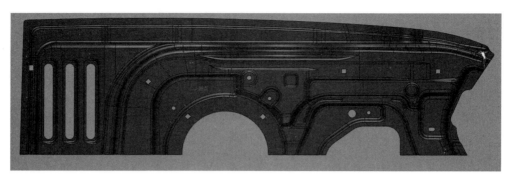

图 4-36　曲面模型反面

有对称关系的模型。

（4）缝合（◈）：将相邻、分离的多个曲面结合到一个曲面或实体中。

（5）转换体（▦）：对实体模型进行一系列的变换，能够实现的变换有移动、回转、比例缩放、基准对齐和手动对齐等。

（6）分割面（▨）：通过投影、轮廓投影或相交的方法分割面。分割后会形成若干面，但仍属于一个实体模型或曲面模型。

（7）删除面（▨）：移除实体或曲面体上的面。

（8）赋厚曲面（▤）：增加一个曲面的厚度，使其变为实体。

（9）分离薄壁体（▱）：将实体模型分离为薄壁体，分离后的薄壁体分为上部分、侧部分和下部分。

**2.“设置”操作**

“设置”操作的主要命令是参考数据的公差设置。

设置公差（▩）：针对参考数据表面和边界设置多个公差，可针对参考数据的不同部位设置不同公差，相同公差的部位可结合成一组，此处设置的公差用于后续的检测操作。

# 4.7　Geomagic Control X CAD 对象处理操作实例

目标：通过 CAD 选项卡中相关编辑工具，对不同类型的 CAD 模型进行编辑，以演示不同编辑工具的作用以及适用范围。通过“赋厚曲面”命令将曲面片模型赋厚为有一定厚度的曲面体模型。通过“分离薄壁体”命令展示如何将一个实体模型转变为多个面片模型。通过“转换体”命令对实体模型进行一系列基本操作。

本实例主要有以下几个操作步骤：

（1）打开对应的 CAD 模型；

（2）将曲面片转换为曲面体，加厚曲面；

（3）将实体模型分离为多个曲面片模型；

（4）转换、编辑实体模型。

**步骤 1：导入模型**

启动 Geomagic Control X 软件，导入配套文件中第 4 章数据模型文件夹下的“挡板.stp”模型文件,在选项卡中选择"CAD",进入 CAD 模型编辑界面,如图 4-37 所示。

图 4-37　导入 CAD 模型

**步骤 2:加厚曲面**

选择"CAD"→"赋厚曲面",选中曲面体后弹出"赋厚曲面"对话框,如图 4-38 所示,"厚度"设置为 0.1mm,"方向"选择"方向 1",赋厚曲面后的结果如图 4-39 所示。

图 4-38　"赋厚曲面"对话框

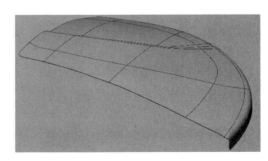

图 4-39　赋厚曲面结果图

**提示:**"厚度"的设置要根据实际曲面体模型大小来合理设定,否则将提示"选择的要素或参数对该操作无效",设定好厚度后,可单击"启动实时预览"按钮 (一般默认开启),实时观察模型赋厚情况。

"赋厚曲面"对话框的操作说明如下。

(1)曲面体:选择需要赋厚的曲面片模型,该模型默认没有厚度。

(2)厚度:设定所需赋厚的范围大小,可通过"测量距离"按钮 ,选择模型上的两个点,也可通过"测量半径"按钮 ,选择模型上的三个点,以此确定恰当的厚度。

(3)方向:"方向 1"默认为模型的法线方向,"方向 2"与"方向 1"相反,"两方"表示两边同时赋厚。

**步骤 3：分离成多个曲面体**

导入对应的"叶片参考数据.CXProj"，如图 4-40 所示，在"模型管理器"中只有一个实体文件。选择"CAD"→"分离薄壁体"，弹出"分离薄壁体"对话框，如图 4-41 所示，"体"选择当前模型文件，单击"下一步"按钮，计算得出分离结果，如图 4-42 所示，上下部分各有三个曲面薄片，侧部共有 25 个曲面薄片。最终的结果如图 4-43 所示。

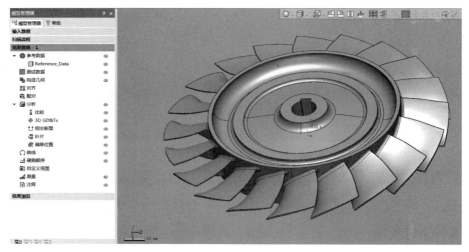

图 4-40　导入单个实体模型

图 4-41　"分离薄壁体"对话框 1

图 4-42　"分离薄壁体"对话框 2

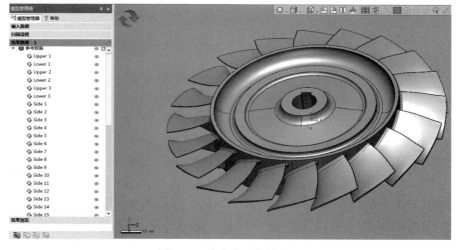

图 4-43　分离薄壁体结果图

**步骤4：转换实体模型**

导入对应的"连接件参考数据"和"连接件测试数据"，选择"CAD"→"转换体"命令，"对象"选择 CAD 文件，单击"下一步"按钮，弹出"转换体"对话框和数据模型，如图 4-44 所示。

图 4-44　"转换体"对话框和数据模型

"方法"选择"回转和移动"，在模型视图区域用鼠标拖动 CAD 模型上的移动和回转图标，使其尽量与测试数据一致，也可通过在"转换值"中输入对应的回转和移动的数值来调整 CAD 模型的位置，调整后结果如图 4-45 所示。

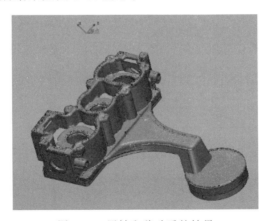

图 4-45　回转和移动后的结果

最后再通过"手动对齐"来对齐 CAD 模型中坐标系的位置。为便于观察，隐藏测试数据，选择"CAD"→"转换体"，"方法"选择"手动对齐"，对应的对话框和 CAD 模型如图 4-46 所示。"移动"选择"3-2-1"，平面、线和点根据图示选择，单击 OK 按钮，得到对齐后的结果，如图 4-47 所示。

"转换体"对话框主要操作选项如下。

（1）对象：选择需要编辑的 CAD 模型。

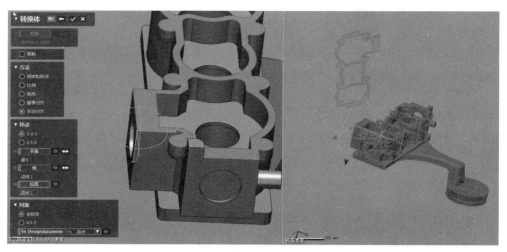

图 4-46 "手动对齐"坐标系

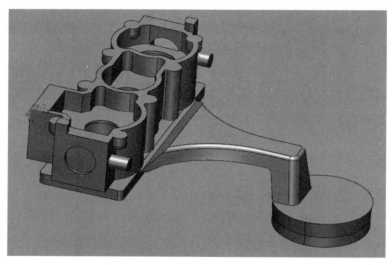

图 4-47 手动对齐结果图

（2）复制：勾选后将保留原始 CAD 文件，默认不勾选该选项。

（3）方法：编辑实体模型的工具，包括五种，详述如下。

① 回转和移动：通过旋转和移动共六个自由度来调整实体模型的位置，也可在"转换值"中输入对应的数据进行调整。

② 比例：以某一比例值来放大或缩小整个实体模型。勾选"统一比例"，设定适当的数值，体积较大的模型还可通过"单位转换器"来放缩；取消勾选"统一比例"，需在 X、Y 和 Z 方向分别设定比例值。"比例中心"可自定义位置，也可选择"世界坐标系原点"或"体的中心"作为缩放的原点。

③ 矩阵：设置实体模型位置变换的算子。通过原始点位置和所需转换位置坐标，计算得出它们之间的算子，用矩阵的形式表示。"适用矩阵文件"设置位置变换时矩阵的运算方式，包括乘数、逆乘、是否转置等。也可从外部文件导入矩阵。"转换值"设定具体的矩阵数值。

④ 基准对齐：通过创建好的基准对来改变实体模型的位置。基准对有：点、模拟CMM点、坐标系、线、圆、腰形孔、领域边线、领域、曲线点、曲线、顶点、境界、矩形、正多边形、平面、圆柱、圆锥、球、圆环、断面顶点、相交断面、边线、面。部分基准对需要通过"构造几何"命令来创建。

⑤ 手动对齐：通过鼠标拖动来调整实体模型的位置。包括"移动"选项和"对象"选项。"移动"可选择"3-2-1"、"X-Y-Z"或拖动模型视图中图标的方式来调整；"对象"选项可选择"坐标系"或"X-Y-Z"。

提示："3-2-1"移动方式通过选择面、线和点来将局部坐标系转移到所选的位置上；"X-Y-Z"移动方式则通过一点和三条相互垂直的线来确定局部坐标系的位置。一般在具有较明显特征的模型中应用，无明显特征的模型则需要通过构造几何特征来选用。

# 4.8　Geomagic Control X 其他预处理命令

Geomagic Control X 中，对于点云、面片和 CAD 数据的预处理已在前面几个小节中作了介绍，但有时需要对导入的数据进行构造几何或在其表面上创建曲线，为后续的对齐或检测操作提供要素基础。下面主要针对构造几何和曲线的主要命令进行介绍。

## 4.8.1　构造几何

构造几何通过识别参考数据或测试数据的几何形态，在数据表面上拟合出各种几何特征。这些特征将一直伴随着模型数据，在后续的建立局部坐标系、数据对齐、检测分析等步骤中可起到基础要素的辅助作用。

构造几何的主要操作命令如图 4-48 所示，其分布在"初始"选项卡中的"构造几何"组，包括各类几何特征的构造工具，主要操作命令详述如下。

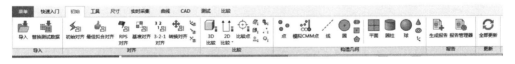

图 4-48　"构造几何"主要操作命令

（1）点（ ）：在参考数据或测试数据中构造参考点。可用于定义位置信息或查找线、面之间的相交关系。

（2）模拟 CMM 点（ ）：CMM 是三坐标测量机，能够用于查找现实中物体上的点，通过该方法来模拟 CMM 构造点，这些构造点一般用于缺少参考数据时测量测试数据的坐标。

（3）线（ ）：在参考数据或测试数据中构造线。可通过多个点、面相交、检测圆柱圆锥轴线等方法来构造。

（4）圆（ ）：在参考数据或测试数据中构造圆。可通过选取多个点、提取、投影等方法来构造。

（5）腰形孔（ ）：在参考数据或测试数据中构造腰形孔。

（6）矩形（ ）：在参考数据或测试数据中构造矩形。

（7）正多边形（⬠）：在参考数据或测试数据中构造正多边形。

（8）平面（▦）：在参考数据或测试数据中构造参考平面，可通过提取、偏移、回转、平均等方法来构造参考平面，该平面可用于充当截面或测量尺寸等。

（9）圆柱（⬒）：在参考数据或测试数据中构造圆柱，可通过提取、选择多个点、选择轴线及设置半径等方法来构造圆柱特征。

（10）球（●）：在参考数据或测试数据中构造球特征，可通过提取、选择多个点等方法进行构造。

（11）圆锥（▲）：在参考数据或测试数据中构造圆锥特征。

（12）圆环（◉）：在参考数据或测试数据中构造圆环特征。

（13）坐标系（↳）：在参考数据或测试数据中构造坐标系，可通过提取、选择点和两条线、选择三个平面等方法来构建坐标系，所构建的坐标系为模型的局部坐标系，能够用于后续的对齐等系列操作中。

## 4.8.2　曲线工具

曲线工具是 Geomagic Control X 提供的能够在参考数据和测试数据表面绘制曲线的系列编辑工具，所创建的曲线可用于对齐、沿曲线方向进行截面的 2D 分析、模型边缘的境界分析等。

曲线工具的主要操作命令激活后的"曲线"工具选项如图 4-49 所示，包括"绘制"和"编辑"两个操作组，主要操作命令详述如下。

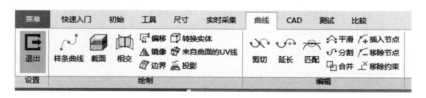

图 4-49　"曲线"工具选项

### 1."绘制"操作组

（1）样条曲线（～）：在参考数据或测试数据表面选取一些点来绘制曲线。

（2）截面（▰）：在参考数据或测试数据上通过平面与模型相交来截取出曲线。

（3）相交（◫）：在参考数据或测试数据之间创建相交曲线。

（4）偏移（↦）：在已有的曲线基础上，根据用户定义的方向和距离来偏移曲线。

（5）镜像（◭）：在已有的曲线基础上，根据用户定义的平面来镜像曲线。

（6）边界（⬭）：在模型数据的边缘拟合提取出曲线。

（7）转换实体（⬚）：将所选实体的境界要素转换为曲线。

（8）来自曲面的 UV 线（✿）：在曲面片定义的 U 和 V 方向上创建曲线。

（9）投影（⛰）：将在某一平面上绘制的曲线或已有的曲线沿着用户定义的方向投影到数据模型的表面上，从而生成曲线。

**2．"编辑"操作组**

（1）剪切（ ）：通过曲线与其他要素相交来移除曲线或移除曲线上不必要的部分。

（2）延长（ ）：通过设定一个距离值或用鼠标拖动曲线开口端来延长曲线。

（3）匹配（ ）：匹配两曲线之间或一条曲线和其他要素之间的连续性。匹配的方式包括相切、曲率和正交。

（4）平滑（ ）：调整曲线上的平滑度，降低曲线的粗糙度。

（5）分割（ ）：单击曲线上的点，包括构造点、线与线、线与面等的相交点，以此来分割曲线。

（6）合并（ ）：将至少两条曲线合并为一条曲线。

（7）插入节点（ ）：在曲线上插入一个节点。

（8）移除节点（ ）：移除曲线上的节点。

（9）移除约束（ ）：移除曲线上的约束，包括相交、在平面上等几何条件约束。

# Geomagic Control X对齐功能

## 5.1　Geomagic Control X 3D 对齐功能概述

Geomagic Control X 软件的对齐功能包括两种类型：

一是点云数据之间的对齐,扫描时获取多个点云数据,这样做是为了将同一个物理模型上分次扫描的点云重新组合起来,对齐成一个点云,以便得到完整的数字化测试模型;点云数据之间的对齐(注册)在前面章节已经介绍。

二是完整测试模型与 CAD 参考模型的对齐,其目的是为后续的比较与评估做准备。测试模型与 CAD 参考模型的对齐是将测试数据重新定位到三维空间中参考数据的坐标系的过程。对齐有多种方法,不同的对齐方法将会对后面的分析结果有影响,因此选择合适的对齐方式,对于要执行的检测分析是非常重要的。

在获取测试模型和 CAD 参考模型后,将测试模型与参考模型进行对齐比较;最后对比较结果进行评估并得出报告。其中对齐比较是 3D 数字化检测最为核心的环节之一,对齐误差的大小将直接影响检测精度及评估报告的可信度。因此,要得到一个满意的结果必须灵活应用各种对齐方法,尽量使对齐误差最小化。

测试数据的坐标系可能与参考数据中的坐标系不同,因为测试数据通常是在基于三维扫描仪的坐标系进行实际空间扫描时设置的。在检查参考数据和测试数据之前,需要对其进行对齐,以匹配它们之间的坐标系。在对齐过程中,通过移动和旋转其坐标系,将测试数据转换至参考数据。Geomagic Control X 软件中提供了多种对齐的方式,其操作流程如图 5-1 所示。

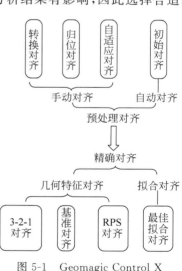

图 5-1　Geomagic Control X
对齐流程

## 5.2　Geomagic Control X 3D 对齐工具

通过应用"初始"工具栏上的"对齐"命令,或者在模型视图的任意位置上单击鼠标右键来选择对齐,可将测试数据与参考数据进行各种对齐,如图 5-2(a)、(b)所示。可以根据不同的对象类型,如曲面模型、钣金模型等常见模型,选择不同的对齐方法。

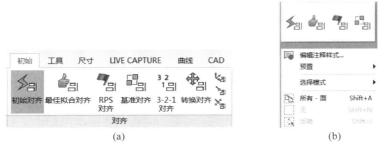

(a)　　　　　　　　　　　(b)

图 5-2　"对齐"工具栏

(a)"初始"工具栏上的"对齐"命令;(b)模型视图上"对齐"工具

(1)初始对齐(✦):快速将测试数据与参考数据大致上自动对齐。

(2)转换对齐(✣):通过操作用户手动旋转和移动工具、手动选择 N 点、手动输入矩阵参数等方式来对齐测试数据与参考数据。

(3)自适应对齐(✎):通过在 CAD 上预选 N 点,然后探测实际部件上这些位置,对齐测试数据与参考数据。

(4)归位对齐(✎):预选参考数据上的 N 点,并在满意偏差设置范围内,重复探测这些点来对齐测试数据和参考数据。

(5)最佳拟合对齐(✤):精确自动对齐测试数据与参考数据,将测试数据与参考数据的整体(或者局部区域)平均偏差最小化,需要预处理对齐后再执行。

(6)3-2-1 对齐(✎):通过平面-直线-点的几何特征锁定六个自由度来对齐测试数据和参考数据,需要预处理对齐后再执行。

(7)RPS 对齐(✎):通过匹配特定的点(圆心、槽心、球心等)锁定六个自由度来对齐测试数据和参考数据。

(8)基准对齐(✎):通过匹配作为基准的几何特征对齐测试数据和参考数据。

# 5.3　对齐预处理

## 5.3.1　初始对齐

**1. 概述**

初始对齐指将测试数据的坐标系与参考数据大致匹配。初始对齐通常在对齐过程的第一阶段进行,其他对齐将根据需要随后进行。

初始对齐工具使用零件中的几何特征信息自动将测试数据与参考数据对齐,采用近似匹配目标数据坐标的初始拟合对齐算法。此工具可用于在使用其他后续对齐方法之前将测试数据与参考数据初始定位。

**提示**:如果测试数据只是零件的部分扫描,或者参考和测试数据的大小不同,则初始对齐可能失败。在这种情况下,需要使用转换对齐方式。

初始对齐工具可用于利用几何图形信息快速对齐测试数据与参考数据。可以从参考数据的几何特征中寻找成对几何图形，将没有特定特征信息的测试数据与参考数据对齐，包括自动对齐完全扫描的数据、自动对齐部分扫描数据。该对齐的结果可再用于精确对齐，如RPS(参考点系统)、基准对齐或3-2-1对齐。

**2. 案例操作步骤**

**步骤1**：导入参考数据和测试数据，在工具栏中，选择"初始"→"导入"→"导入"，或者选择"菜单"→"文件"→"导入"。

打开配套文件里的第5章数据模型文件夹中的"Basic_Inspection_Process"文件夹，或进入下面的路径：＜安装目录＞\Sample\Basic\。单击选择两个文件Reference_Data和Measured_Data，格式为CXProj，然后单击"仅导入"按钮，如图5-3所示。

(a)

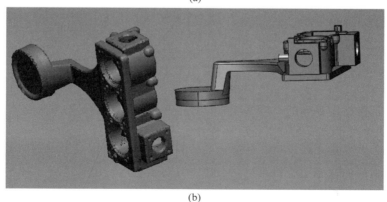

(b)

图5-3　参考数据、测试数据的导入

(a)导入参考数据和测试数据；(b)导入数据后

**步骤2**：在工具栏中，选择"初始"→"对齐"→"初始对齐"。所有对齐方式均可再单击选择，如图5-2(a)所示。或在模型视图的任意点上单击鼠标右键，然后在关联菜单中单击"对齐"工具，单击左一"初始对齐"工具，如图5-2(b)所示。

**步骤3**：取消选择"利用特征识别提高对齐精度"，单击OK按钮便可完成初始对齐，结果如图5-4所示。

(a)

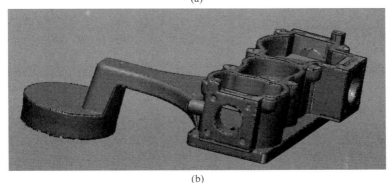

(b)

图5-4 "初始对齐"操作

(a)"初始对齐"设置；(b)"初始对齐"结果

**注**：如果勾选"利用特征识别提高对齐精度"选项，软件将分析比较参考数据和测试数据之间的特征形状，然后移动测试数据到两个数据间的最小偏差处。如果测试数据可以覆盖参考数据的整个形状或具有足够的特征，则无需使用此选项。

## 5.3.2 转换对齐

### 1. 概述

"转换对齐"工具可以通过选择成对点或使用手动转动使测试数据对齐参考数据。该方法用于在使用"自动对齐"方法如初始对齐不能产生预期结果时，使测试数据更接近参考数据（即初始对齐失败时）。

可以通过使用"N点对齐""旋转和移动""按矩阵对齐"三种方法将测试数据粗略对齐到参考数据。它可以帮助解决"初始对齐"方法无法支持的对齐问题。

### 2. 对齐方式

（1）"N点"对齐

分别对测试数据与参考数据选择相应的N对点来进行对齐，与第4章中对点云数据进行N点对齐时的操作类似。

操作步骤：

**步骤1**：同样导入5.3.1节使用的参考数据和测试数据，参考初始对齐时的数据导入操作。然后在工具栏中,选择"初始"→"对齐"→"转换对齐"。

**步骤 2**:在方法中选择"N 点",模型视图将分为三个不同的视图,如图 5-5 所示。

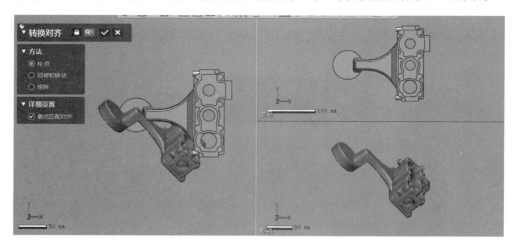

图 5-5    "N 点"对齐的界面

**步骤 3**:在参考模型上选择一个点,并在测试模型上选择相应的点。

**步骤 4**:使用与步骤 3 中相同的方法创建两个或多个成对的点,如图 5-6 所示。

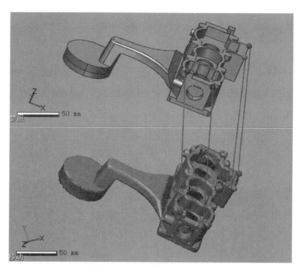

图 5-6    选择 N 点对齐

**步骤 5**:在图 5-5 中,勾选"最优匹配对齐"选项,然后单击左上角的 ✓ ,将对齐应用于测试模型与参考模型。测试模型将由定义的匹配点粗略对齐参考模型。其结果如图 5-7 所示。

**注**:如果勾选"最优匹配对齐",在进行 N 点对齐后则会进行最佳拟合对齐,取消勾选则不进行最佳拟合对齐,5.4.1 节将会介绍最佳拟合对齐。

(2)"回转和移动"对齐

通过手动旋转和移动坐标系上的轴来使测试数据、参考数据大致匹配。

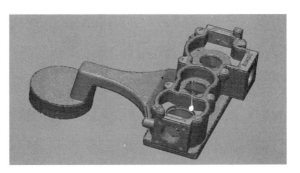

图 5-7　"N点"对齐的结果

案例操作步骤：

**步骤1**：导入同样的参考数据和测试数据。在工具栏中，选择"初始"→"对齐"→"转换对齐"。

**步骤2**：在方法中选择"回转和移动"，在模型视图中出现测试数据的坐标系操作，包括X、Y、Z的回转和移动，共六个自由度的操作。此时以测试数据的坐标系为运动中心，通过手动操作，进行测试数据的回转和移动，便可实现测试数据与参考数据的对齐，如图5-8所示。

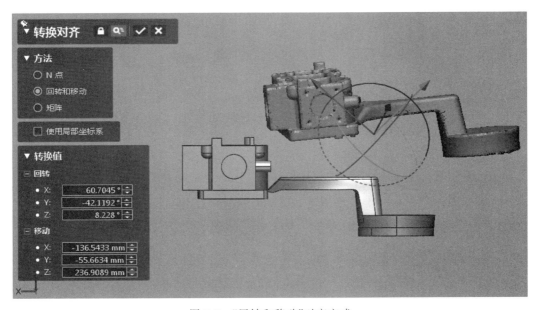

图 5-8　"回转和移动"对齐方式

**步骤3**：由于测试数据的默认坐标系通常是在基于三维扫描仪的坐标系中进行实际空间扫描时设置的，方向不可以改变。且在对齐参考数据时，方向与参考模型并不符合理想的方向，选用"使用局部坐标系"，即可选择参考数据的默认的坐标系。回转和移动测试数据时，将以参考数据的坐标系为运动中心，如图5-9所示。

**步骤4**：进行手动移动X、Y、Z轴和旋转X、Y、Z轴，使测试数据移动和转动，完成测试数据与参考数据之间粗略的对齐。在调整模型视图中，再通过调整"转换值"完成测试数据的运动微调，达到用户想要的对齐效果，其结果如图5-10所示。

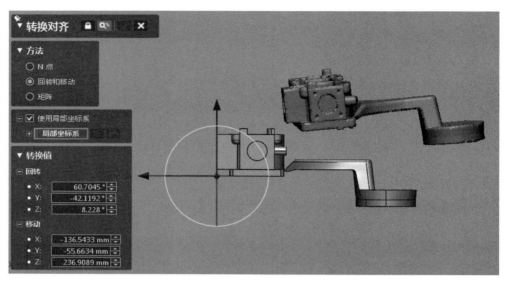

图 5-9    选择局部坐标系方式

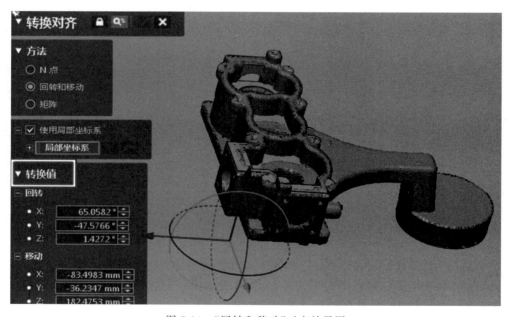

图 5-10    "回转和移动"对齐效果图

通过对比,可以发现"N点"对齐的平均偏差要低于"回转与移动"对齐的平均偏差,所以在无法初始对齐时,"N点"对齐的选择可优先于"回转与移动"对齐。

(3)"矩阵"对齐

① 基本原理

"矩阵"对齐是"回转与移动"对齐的一种特殊的表达方式,通过使用矩阵来表达"回转与移动"的运动参数。

"矩阵"对齐使用 4×4 转换矩阵记录测试数据在对齐中的位姿变换,也就是测试数据由

"初始状态"到"对齐状态"时,它的默认坐标系所发生的变化,即 $X$、$Y$、$Z$ 轴转动的角度、移动的位移。

② 位姿变化原理

记录第一个点的中心坐标到第二个坐标点的中心坐标的位姿变换,最终目的就是使起点 $O_0$ 和终点 $O_1$ 的坐标系方向一致。如图 5-11 所示,其中 $\theta,\alpha$ 分别为 $X$ 轴和 $Z$ 轴转动角度,$d$ 和 $a$ 为移动位移。

③ 矩阵表达

坐标系 $O_0$ 的原点($X_0$,$Y_0$,$Z_0$)仅绕着 $X$ 轴转动 $\theta$ 角之后到坐标系 $O_1$ 的原点($X_1$,$Y_1$,$Z_1$),这两点之间的转换关系为

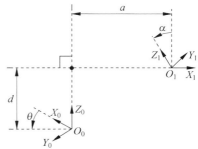

图 5-11　两个坐标点之间的坐标系变化

$$\begin{bmatrix} X_1 \\ Y_1 \\ Z_1 \\ 1 \end{bmatrix} = \begin{bmatrix} 1 & 0 & 0 & 0 \\ 0 & \cos\theta & -\sin\theta & 0 \\ 0 & \sin\theta & \cos\theta & 0 \\ 0 & 0 & 0 & 1 \end{bmatrix} \begin{bmatrix} X_0 \\ Y_0 \\ Z_0 \\ 1 \end{bmatrix}$$

所以,可得绕 $X$ 轴旋转的旋转算子,为

$$\mathrm{Rot}(X,\theta) = \begin{bmatrix} 1 & 0 & 0 & 0 \\ 0 & \cos\theta & -\sin\theta & 0 \\ 0 & \sin\theta & \cos\theta & 0 \\ 0 & 0 & 0 & 1 \end{bmatrix}$$

当空间上的坐标系 $O_0$ 的原点($X_0$,$Y_0$,$Z_0$)移动到坐标系 $O_1$ 的原点($X_1$,$Y_1$,$Z_1$),它们之间的移动变换矩阵可由以下矩阵表示。

$$\begin{bmatrix} X_1 \\ Y_1 \\ Z_1 \\ 1 \end{bmatrix} = \begin{bmatrix} 1 & 0 & 0 & \Delta X \\ 0 & 1 & 0 & \Delta Y \\ 0 & 0 & 1 & \Delta Z \\ 0 & 0 & 0 & 1 \end{bmatrix} \begin{bmatrix} X_0 \\ Y_0 \\ Z_0 \\ 1 \end{bmatrix}$$

其中 $\Delta X$、$\Delta Y$、$\Delta Z$ 分别表示坐标系 $O_0$ 的原点($X_0$,$Y_0$,$Z_0$)在 $X$ 轴、$Y$ 轴、$Z$ 轴所平移的位移。平移算子可用 $\mathrm{Trans}(\Delta X,\Delta Y,\Delta Z)$ 表示,有

$$\mathrm{Trans}(\Delta X,\Delta Y,\Delta Z) = \begin{bmatrix} 1 & 0 & 0 & \Delta X \\ 0 & 1 & 0 & \Delta Y \\ 0 & 0 & 1 & \Delta Z \\ 0 & 0 & 0 & 1 \end{bmatrix}$$

综上所述,两个坐标系的对齐,或者具有方向的点的对齐在使用矩阵对齐时,可用到上述所列算子。假设在 Geomagic Control X 软件中,测试数据的某一坐标系为 $P_1$,原点为 ($X_1$,$Y_1$,$Z_1$),相对应在参考数据中的坐标系为 $P_2$,原点为($X_2$,$Y_2$,$Z_2$),$P_1$ 在与 $P_2$ 对齐过程中,$X$ 轴转动 $\theta$ 角,$Z$ 轴转动了 $\alpha$ 角($X$、$Z$ 轴的方向确定后,$Y$ 轴的方向也可以确定,故不用考虑 $Y$ 轴),$X$ 轴、$Y$ 轴、$Z$ 轴分别移动了 $\Delta X$、$\Delta Y$、$\Delta Z$,则矩阵变化系数为

$$\boldsymbol{T}_{4\times4} = \mathrm{Rot}(X,\theta)\mathrm{Rot}(Z,\alpha)\mathrm{Trans}(\Delta X,\Delta Y,\Delta Z)$$

上式表示三个矩阵按照旋转和移动的先后顺序来进行相乘。

④ 操作步骤

根据③矩阵表达所求得的 $4 \times 4$ 矩阵 $\boldsymbol{T}_{4 \times 4}$，所得的值可以直接输入到"转换值"框中。或者可以使用"适用矩阵文件"按钮  导入变换矩阵文件，如图 5-12 所示。单击 按钮便可完成某一对坐标系的对齐。

图 5-12    "矩阵对齐"输入图

其中"适用矩阵文件"栏目的参数含义如下。

设置：将导入的转换矩阵应用于测试数据。

乘数：将导入的矩阵乘以预定义的变换矩阵。

逆乘：反转导入的矩阵并将其乘以预定义的变换矩阵。

转置：确定是否将转置的变换矩阵应用于预定义的变换矩阵。

## 5.3.3    自适应对齐

### 1. 概述

自适应对齐是根据参考数据上预先计划的位置在物理零件上选择 $N$ 个点，将测试数据与参考数据对齐，该对齐需要用到测量设备仪器。

"自适应对齐"工具可用于使用 LiveInspect（"实时检测"工具）时，实时将测试数据与参考数据对齐。

### 2. 操作步骤

步骤 1：导入参考数据和测试数据。在工具栏中，选择"初始"→"对齐"→"自适应对齐"。

步骤 2：在参考数据上拾取将用作参考点的点。单击 OK 按钮，在参考数据上定义参考点。

**步骤 3**：在工具栏中 LIVE CAPTURE 选项卡的"设置"组中，选择一个设备，如图 5-13 所示。

图 5-13　LIVE CAPTURE 工具栏

**步骤 4**：单击"连接"，单击"播放 LiveInspect"选项，开始进行实时测量。

**步骤 5**：根据预先自动测量功能指南，探测物理零件上的点。单击"退出 LiveInspect"选项，这时会看到设备的坐标系与参考数据已对齐。

"自适应对齐"详细选项如下。

选择点：选择要视为参考点的点。

最大的重复计数：指定用于查找对齐路线的最大计算数量。

## 5.3.4　归位对齐

### 1．概述

"归位对齐"工具通过根据参考数据上预先计划的位置反复选择物理零件上的 N 个点，将测试数据与参考数据对齐，直到满足偏差为止。该对齐也需要测量设备仪器。

"归位对齐"工具可用于使用 LiveInspect（"实时检测"工具）时，实时将测量设备与参考数据对齐。将测量设备与参考数据对齐过程可以实时将偏差最小化。

### 2．操作步骤

**步骤 1**：导入参考数据和测试数据。在工具栏中，选择"初始"→"对齐"→"归位对齐"。

**步骤 2**：在参考数据上拾取将用作参考点的点。将"公差带"设置为 1 mm，然后单击 OK 按钮。

**步骤 3**：在工具栏中，单击 LIVE CAPTURE，选择设备，单击"连接"。再单击"播放 LiveInspect 流程"选项。

**步骤 4**：遵循自动测量功能指南，在物理零件上探测点，同时检查每个位置的偏差。

提示：当探针的尖端更靠近指定公差范围内的预定位置时，探针球的颜色将变为绿色。这对于实时识别探头尖端在预定义位置的接近程度很有用。

**步骤 5**：继续在不满足偏差的位置上探测点。当所有点都在指定的公差范围内时，按设备上的"确定"按钮。

提示：即使在指定的公差范围内未满足所有点的要求，也可以通过单击设备上的"确定"按钮来完成对齐过程。

**步骤 6**：再次在物理零件上探测点以验证对齐。单击设备上的"确定"按钮以确认验证。

**步骤 7**：单击"退出 LiveInspect"选项。这时会看到设备的坐标系与参考数据已对齐。

"归位对齐"详细选项如下。

选择点：选择要视为参考点的点。

公差带：指定一个公差带值，该值用作每个位置上的对齐偏差的通过/失败标准。需要注意的是，任何未通过此公差带的点都可以重新探测。

## 5.4　精确对齐

### 5.4.1　最佳拟合对齐

**1. 概述**

最佳拟合对齐通过使用最佳拟合算法将测试数据与参考数据进行对齐。它将测试数据的坐标与参考数据相匹配，使两个数据之间的偏差在允许的公差范围内最小化。该方法的使用前提是测试数据已大致对齐定位在参考数据上，所以先需要完成预处理对齐。最佳拟合对齐减少了零件之间的误差，以找到最佳的整体对齐，如图 5-14 所示。该对齐工具提供了用于控制结果的拟合选项，以及用于控制测试数据在空间中移动方式的约束选项。

图 5-14　最佳拟合对齐的前后变化

"最佳拟合对齐"工具适合不规则形状的曲面模型或者没有明显特征的模型，对齐测试数据以最大限度地减少整体形状精确对齐中的偏差。也可以根据需要仅使用局部面积计算对齐测试数据，而无需整体数据。下面分别给出这两种案例。

**2. 全局对齐案例操作步骤**

**步骤 1**：导入参考数据和测试数据，在工具栏中，选择"初始"→"对齐"→"初始对齐"，参考图 5-2(a)。或者在模型视图的任意点上单击鼠标右键，然后在关联菜单中单击"对齐"工具，选择左一(初始对齐)工具，如图 5-2(b)所示。

**步骤 2**：在工具栏中，选择"初始"→"对齐"→"最佳拟合对齐"，参考图 5-2(a)。或者在模型视图的任意点上单击鼠标右键，然后在关联菜单中单击"对齐"工具，单击左二(最佳拟合对齐)工具，如图 5-2(b)所示。

**步骤 3**：在图 5-15 的模型视图和对话框中，"采样比例"默认定义为 25％。"采样比例"低的话，采样的数据不稳定，可能采样到一些偏差较高的局部区域来进行参考数据和测试数据的拟合，使得最佳拟合对齐后的整体平均偏差低于初始对齐的平均偏差。所以本实例在对话框中自定义"采样比例"为 50％。

勾选"最大的重复次数"，并自定义为 20。勾选"最大平均偏差"，默认选择"自动"，或者单击 ▨ 。其中，各按钮作用如下：

▨ ：自动计算一个"最大平均偏差"值。

⬌ ：测量距离工具。

⟳ ：测量半径工具。

　　勾选"约束条件选项"，默认选用"世界坐标系"，无需对 X、Y、Z 轴进行锁定。"详细设置"中，勾选"仅使用可靠的测量数据"，进行整个结构的最佳拟合对齐。设置结果如图 5-15 所示。

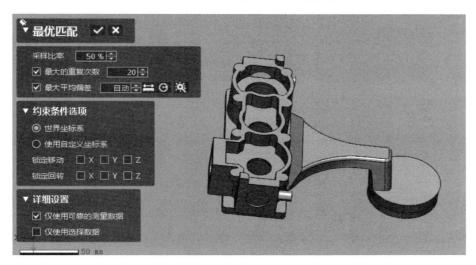

图 5-15　结构整体最佳拟合对齐

　　"最优匹配"对话框中主要选项说明如下。

　　采样比率：按指定的值采样数据点来进行对齐。当比率为 100% 时，将使用所有选择的数据。

　　最大的重复次数：指定用于查找对齐路线的最大计算次数。

　　最大平均偏差：确定一个值作为偏差标准，用于判断匹配结果是否令人满意。应用程序将尝试使最终模型的平均偏差小于该值。

　　世界坐标系：选择此选项可将测试数据的平移和旋转变换锁定在全局坐标系中。

　　自定义的坐标：选择将预定义的坐标系用作局部坐标系，并在局部坐标系中锁定测试数据的平移和旋转变换。

　　锁定平移：锁定移动方向。

　　锁定回转：锁定旋转方向。

　　仅使用可靠的测量数据：对齐时忽略嘈杂的数据点。噪声数据是未经过滤的数据，与参考数据和测试数据之间的平均偏差相去甚远。

　　仅使用选择数据：仅对所选面或区域使用最佳拟合，以使所选实体的偏差在"最大平均偏差"之内。

　　**步骤 4**：生成对齐结果。

　　最佳拟合对齐的生成结果可以在模型视图下观看。由图 5-16 可以看出，最佳拟合对齐的平均偏差低于初始对齐。

| 名称 | 要素类型 | 最小 | 最大 | 平均 | RMS | 标准偏差 | 离散 |
| --- | --- | --- | --- | --- | --- | --- | --- |
| 初始对齐1 | 初始对齐 | -0.5376 | 0.5376 | -0.0204 | 0.2024 | 0.2014 | 0.0406 |
| **最优匹配1** | 最优匹配 | -0.5386 | 0.539 | -0.0176 | 0.2026 | 0.2019 | 0.0408 |

图 5-16　对齐结果分析

**3. 局部对齐案例操作步骤**

该案例与全局对齐案例的区别在于：该案例选用局部区域进行最佳拟合对齐，而不是整个参考数据。在工业应用中，当要求某一局部区域的对齐精度较高时，可选用该操作。

**步骤 1～步骤 3**：与全局对齐案例一样，不同的一处是，在"详细设置"中，勾选"仅使用选择数据"，在参考数据上选用局部区域，如图 5-17 所示，选择了两个曲面。

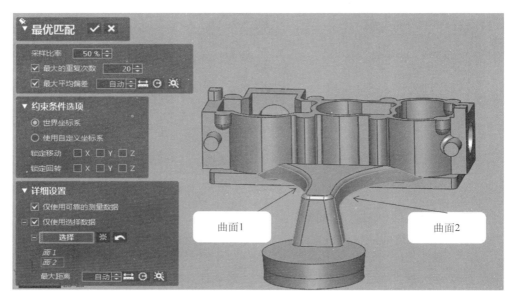

图 5-17　局部区域最佳拟合对齐

**步骤 4**：对齐结果分析。

最佳拟合对齐的生成结果可以在模型视图下观看。由图 5-18 可以看出，在不用考虑整体拟合的情况下，局部区域最佳拟合对齐的平均偏差可达到很小。

| 名称 | 要素类型 | 最小 | 最大 | 平均 | RMS | 标准偏差 | 离散 |
|------|---------|------|------|------|-----|---------|------|
| 初始对齐1 | 初始对齐 | -0.5376 | 0.5376 | -0.0204 | 0.2024 | 0.2014 | 0.0406 |
| 最优匹配1 | 最优匹配 | -0.1925 | 0.1929 | 0.002 | 0.07 | 0.0699 | 0.0049 |

图 5-18　局部区域对齐结果分析

## 5.4.2　3-2-1 对齐

**1. 概述**

"3-2-1 对齐"工具在三维空间中通过匹配由三个平面、两个矢量和一个位置点构成的基准对集，将测试数据与参考数据对齐，并锁定由平面、矢量、点组成的坐标系的所有六个自由度。三个点用于定义主平面，两个点定义垂直于主平面的次平面，最后一个单点定义垂直于主平面和次平面的最后一个平面，如图 5-19 所示。

该方法的前提是被测数据大致定位在参考数据上，所以需要先采取初始对齐，这样成对

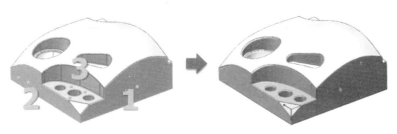

图 5-19    3-2-1 对齐

的几何图形就可以参考参考数据上的几何特征,无需在测试数据中选择相对应的面。相比于以往的 Geomagic Qualify 软件,方便了许多。

**注**:3-2-1 对齐通过约束其自由度来匹配参考数据和测试数据之间构建的坐标系。在最常见的情况下,参考数据的局部坐标系是通过为基准平面选择三个点、为方向向量选择两个点以及为坐标系原点选择最后一个点来定义的。

3-2-1 对齐可应用在将具有特定特征信息(例如几何信息、坐标标准等)的测试数据与参考数据对齐,应用顶点、平面和实体对齐具有明显立方形特征的零件。

**2. 案例操作步骤**

**步骤 1**:导入参考数据和测试数据,可参考初始对齐时的数据导入。在工具栏中,选择"初始"→"对齐"→"初始对齐"。

**步骤 2**:在工具栏中,选择"初始"→"对齐"→"3-2-1 对齐"。

**步骤 3**:选择基准面。

3-2-1 对齐通过约束其自由度来匹配参考数据和测试数据之间构建的坐标系,假设要对齐的坐标系为 P 坐标系,P 坐标系的原点坐标为$(P_X, P_Y, P_Z)$。

选择基准面时应选择具有法向和位置信息的构造平面或平面几何特征作为主要基准,在模型视图中,单击"平面",然后在参考数据中选择一个平面(无需在测试数据选择),选择平面 10。"最大重复次数"默认为 10,勾选"显示操纵器",如图 5-20 所示。

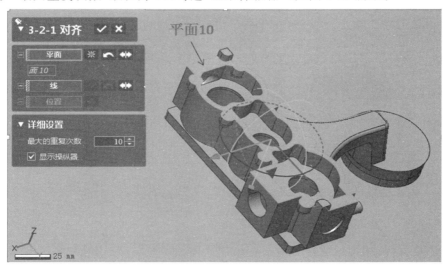

图 5-20    "3-2-1 对齐"选择基准面

"3-2-1 对齐"对话框中的选项说明如下。

: 重置删除该选项的所有选择目标。

: 返回该选项的上一个选择目标,并删除最新选择目标。

: 反转基准的方向。

"最大的重复计数"——指定用于查找对齐路线的最大计算数量。

"显示操纵器"——在屏幕上用颜色线条显示模型坐标系,其中灰色操纵器表示它已被约束。如果取消勾选"显示操纵器",在选取基准面、基准点或基准线时不直观,不方便操作,不便于观察对该坐标系轴的限制和位置的定位。

**步骤 4**:选择基准线。

选择具有轴和方向信息的构造向量或圆柱形几何特征作为次要基准。在模型视图中,单击"线",然后在参考数据中选择一个"圆柱面"(无需在测试数据中进行相应的选择),选择圆柱面后,软件会自动识别并且选择该圆柱面的基准轴。如图 5-21 所示。

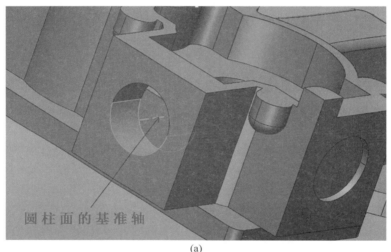

(a)

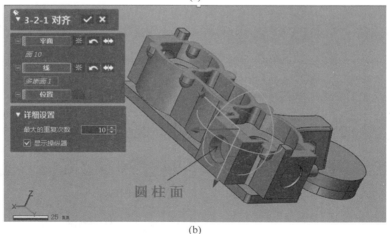

(b)

图 5-21　"3-2-1 对齐"选定基准线

(a)圆柱面的基准轴;(b)选择圆柱面

**步骤5**：选定基准点。

选择具有位置信息的构造点或圆形几何特征中心作为第三基准。在模型视图中，单击"位置"，然后在参考数据中选择一个点（无需在测试数据中进行相应的选择），如图5-22所示。

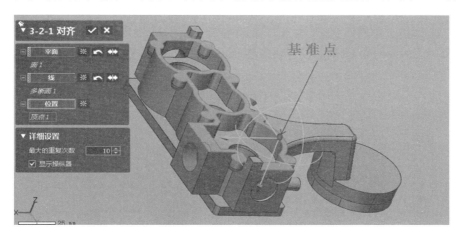

图5-22　"3-2-1对齐"选定基准点

**步骤6**：结果分析，经过以上步骤后，P坐标系的位置固定，如图5-23所示。在图5-23中，P坐标系的Z轴垂直平面10向下。P坐标系的Y轴垂直Z轴和圆柱面基准轴，P坐标系的X轴垂直Z轴、Y轴，且X轴原点与基准点重合。

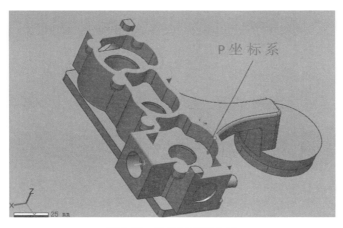

图5-23　P坐标系的生成

"3-2-1对齐"工具还允许选择两两垂直的三个平面进行对齐。

**3. 3-2-1对齐案例过程说明**

下面对上述操作的对齐过程进行说明。

**步骤3**：选择基准面，以定义P坐标系的Z轴。

选择"平面10"作为第一约束基准，此时的P坐标系被限制了X轴、Y轴的旋转，Z轴的移动。即$P_z$的大小由"平面10"决定（约束），$P_z \in Z_{面10}$（$P_z$位于平面10上），Z轴方向垂直平面10。

**步骤4**：选择基准线，以定义P坐标系的Y轴。

此时 P 坐标系的限制增加了 Y 轴的移动、Z 轴的转动,步骤 3 中限制了 X 轴、Y 轴的旋转,Z 轴的移动,所以只剩下 X 轴可以自由移动。即 $P_Y$ 的大小由圆柱面的基准轴决定(约束),$P_Y \in Y_{轴}$($Y_{轴}$ 为基准轴上的所有点的 Y 值集合)。Z 轴方向垂直于圆柱面的基准轴,且垂直于步骤 3 中被约束的 Z 轴方向。

**步骤 5**:选定基准点,以定义 P 坐标系的 X 轴。

此时,P 坐标系的限制增加了 X 轴的移动,步骤 4 限制了 Y 轴的移动、Z 轴的转动,步骤 3 中限制了 X 轴、Y 轴的旋转,Z 轴的移动;现在 6 个自由度均被约束,P 坐标系的位置固定下来。$P_X$ 的大小由基准点决定(约束),$P_X = X_{基准点}$,X 轴原点与基准点重合。X 轴方向垂直于步骤 4 中被约束的 Y 轴方向,且垂直于步骤 4 中被约束的 Z 轴方向。

### 5.4.3  RPS 对齐

**1. 概述**

RPS 对齐,全称为 reference point system,所以也称为"参考点系统对齐"或"参考定位系统对齐",是一种使用参考点和测试数据配对的校准方法,通过将多组参考位置与约束条件相匹配,将测试数据与参考数据对齐。

采取 RPS 对齐之前需要对测试数据与参考数据进行初始对齐,或者整体偏差精度较低的转换对齐。

RPS 通常以圆或槽的中心点作为参考点。RPS 对齐方法是基于约束的参考点系统对齐方式,能"锁住"模型中的关键点,从而建立起参考数据坐标系和测试数据坐标系的相互关系,如图 5-24 所示。

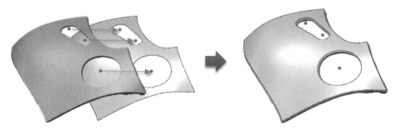

图 5-24  RPS 对齐

RPS 对齐可应用在对齐具有孔或槽等特征的车身钣金零件,或对齐没有明确定义几何特征的零件。

**2. 案例操作步骤**

**步骤 1**:导入参考数据与测试数据。本次案例的参考数据和测试数据与之前案例形状不同。选择"初始"→"导入"→"导入",或者选择"菜单"→"文件"→"导入"。

打开配套文件中第 5 章下的数据模型文件夹中的 Sheetmetal_Inspection_Process 文件夹,或进入以下的路径,<安装目录>\Sample\Basic\Sheetmetal_Inspection_Process,单击选择两个文件 Reference_Data 和 Measured_Data,请读者注意,该模型数据与前面案例导入的数据名字一样,但是所在文件夹不同,选择时应注意区分,格式为 CXProj,然后单击"仅导入"。在工具栏中,选择"初始"→"对齐"→"初始对齐"。

**步骤 2**:在工具栏中选择"初始"→"对齐"→"RPS 对齐"。或者在模型视图的任意点上单击鼠标右键,然后在关联菜单中单击"对齐"工具,单击右二"RPS 对齐"工具。

**步骤 3**:选择 RPS 点。

选择圆形边缘或者槽口边缘,软件会自动选择圆心点或者槽心点,且至少选择三个点,不能超过六个点,尽量每个点的距离比较远。模型视图中,选择三个参考点,RPS 点 1、点 2 是圆心点,RPS 点 3 是槽心点,如图 5-25 所示。

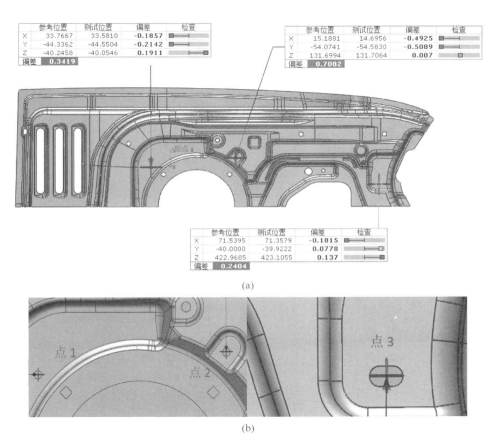

图 5-25　RPS 对齐时选择参考点

(a) 选取 RPS 点；(b) RPS 点的局部放大图

RPS 点的约束条件说明:

在"RPS 对齐"对话框中,如图 5-26 所示,"追加约束条件"选项可选择约束条件,分别是"无"约束、"默认最小化"约束、"强最小化"约束和"保存测量位置"约束。

约束情况说明(其中下方绿色点为参考点,上方蓝色点为测量点)如下。

情况一:当 X 轴为"无"约束,Y 轴为"默认最小化"约束时,测量点的移动如图 5-27(a)所示,测量点在 Y 方向靠近参考点,在 X 方向不进行约束。

情况二:当 X 轴为"默认最小化"约束,Y 轴为"默认最小化"约束时,测量点的移动如图 5-27(b)所示,测量点在 X、Y 方向均靠近参考点。

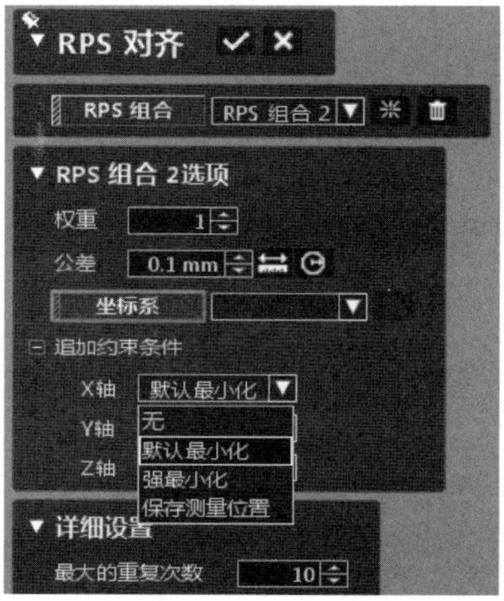

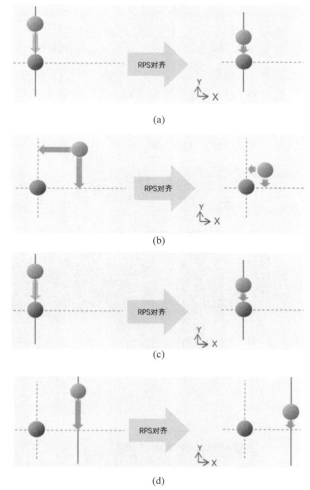

图 5-26　"追加约束条件"选项

图 5-27　RPS 对齐约束情况
(a) 情况一；(b) 情况二；(c) 情况三；(d) 情况四

情况三：当 X 轴为"强最小化"约束，Y 轴为"默认最小化"约束时，测量点的移动如图 5-27(c)所示，测量点在 X 方向与参考点相同，在 Y 方向靠近参考点。

情况四：当 X 轴为"保存测量位置"约束时，Y 轴为"默认最小化"约束时，测量点的移动如图 5-27(d)所示，测量点在 Y 方向靠近参考点，在 X 方向保持原有位置。

**步骤 4**：第一步约束

RPS 对齐是 3-2-1 对齐的特殊案例。该案例中，分三步约束，第一步约束需要约束三个点，第二步约束需要约束两个点，第三步约束需要约束一个点。

开始约束各个点，在"模型视图"对话框的"RPS 组合"中，选择"RPS 组合 1"，即选择 RPS 点 1，先将 $Z_1$ 约束(表示 RPS 点 1 的 Z 轴)，设置为"默认最小化"，如图 5-28(a)所示。

再选择"RPS 组合 2"，将 $X_2$、$Y_2$ 约束(表示 RPS 点 2 的 X、Y 轴)，并设置为"默认最小化"，如图 5-28(b)所示。

其中"权重"默认定义为 1，"公差"默认定义为 0.1 mm，"最大重复数"默认定义为 10。

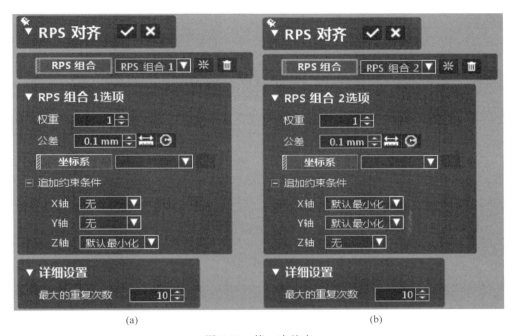

图 5-28　第一次约束

（a）设置"RPS 组合 1"约束条件；（b）设置"RPS 组合 2"约束条件

"RPS 对齐"对话框中的选项说明如下。

权重：指定用于将定位解决方案吸引到参考位置的值。值越大，定位就越容易被吸引到相应的参考位置。

公差：指定允许偏差量。

坐标系：指定参考点的构造坐标。如果没有指定坐标，将使用世界坐标。

**步骤 5**：第二次约束

在第一次约束中，约束了三个偏差 $X_2$、$Y_2$、$Z_1$。现在在"RPS 组合"中，选择"RPS 组合 1"，将 $X_1$、$Y_1$ 进行约束，并设置为"默认最小化"，如图 5-29 所示。

**步骤 6**：第三次约束

在前两次约束后，约束了五个偏差 $X_2$、$Y_2$、$Z_1$、$X_1$、$Y_1$。

在"RPS 组合"中，选择"RPS 组合 3"，将 $X_3$ 进行约束，并设置为 "默认最小化"，如图 5-30 所示。此时约束了六个选项，分别是 $X_2$、$Y_2$、$Z_1$、$X_1$、$Y_1$、$X_3$。

**步骤 7**：生成结果

单击 ✓ 按钮，生成对齐结果，在 Geomagic Control X 软件中可以看到，三个 RPS 点的总偏差均达到绿色标准，数据上接近 0，表示合理，如图 5-31 所示。

**3. RPS 对齐步骤原理说明**

下面对上述选择三对参考点来完成对坐标系六个自由度约束的过程进行分析说明。

**步骤 4**：第一次约束

优先约束偏差最大的目标，并且尽量使用"默认最小化"约束，不使用"强最小化"约束，

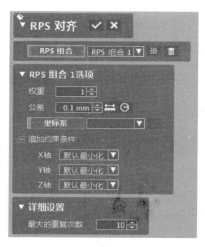

图 5-29　第二次约束

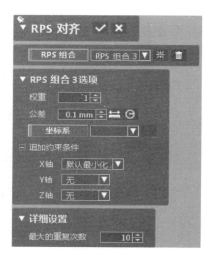

图 5-30　第三次约束

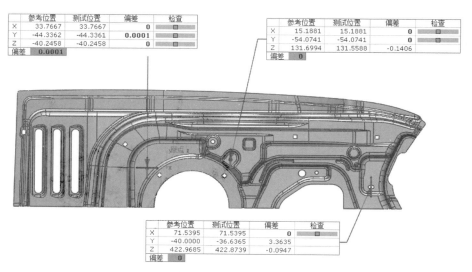

图 5-31　RPS 对齐结果

因为"强最小化"更容易使其他位置的偏差增大。观察这三个 RPS 点、九个偏差（X、Y、Z 轴各占三个），找出 X、Y、Z 偏差值最大的点，参考图 5-25(a)，X 方向偏差最大的是 $X_2$，Y 方向偏差最大的是 $Y_2$，Z 方向偏差最大的是 $Z_1$，所以先将这三个偏差进行"默认最小化"。

**步骤 5**：第二次约束

在第一次约束中，约束了三个偏差 $X_2$、$Y_2$、$Z_1$，从剩下的六个约束中找到偏差最大的 2 个。参考图 5-25(a)，最大的两个偏差是 $X_1$、$Y_1$，所以再将这 2 个偏差进行"默认最小化"。

**步骤 6**：第三次约束

在第一、第二次约束后，约束了五个偏差 $X_2$、$Y_2$、$Z_1$、$X_1$、$Y_1$。在剩下的四个偏差中选出一个偏差最大的，但在上述约束中，RPS 点 3 还没有约束，所以最后 1 个偏差应该在 RPS 点 3 上。又因为要满足 3-2-1 原则，所以不能约束 $Z_3$，如果选择约束 $Z_3$，那么在 X、Y、Z 方向上各约束两个点，无法形成完全约束。所以从 $X_3$、$Y_3$ 两个偏差中进行比较，$X_3$ 的偏差大，所以约束 $X_3$。

## 5.4.4　基准对齐

**1. 概述**

"基准对齐"模式可以看作一种特殊的"3-2-1 对齐"模式,通过全部约束几何特征,形成一个被约束的坐标系。其主要的区别在于基准对齐可以选择多种对齐用的基本特征,包括点、矢量、平面、圆、槽、长方形、球、圆柱等,约束的顺序和方式也不同。

基准对齐中使用基准优先列表的内容将测试数据与参考数据相匹配,N 对球面、圆柱面、平面、槽口、矢量线段和点坐标等几何特征均可用于定义目标基准对,如图 5-32 所示。

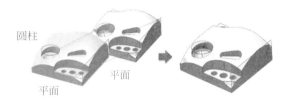

图 5-32　基准对齐

此方法适用于将具有特定特征信息(例如几何信息、坐标标准等)的测试数据与参考数据进行精确对齐,包括通过匹配几何基准或几何特征将测试数据与参考数据进行对齐。

**2. 案例操作步骤**

**步骤 1**:导入参考数据与测试数据,可参考初始对齐时的数据导入,在工具栏中,选择"初始"→"对齐"→"初始对齐"。或者在模型视图的任意点上单击鼠标右键,然后在关联菜单中单击"对齐"工具,单击左一(初始对齐)工具。

**步骤 2**:在工具栏中,选择"初始"→"对齐"→"基准对齐"。或者在模型视图的任意点上单击鼠标右键,然后在关联菜单中单击"对齐"工具,单击右一"基准对齐"工具。

**步骤 3**:选择第一基准,作为主要基准

假设要对齐的坐标系为 P 坐标系,P 坐标系的原点坐标为($P_X$,$P_Y$,$P_Z$)。

隐藏测试数据,单击"基准对",在参考数据上选择一个圆柱面,如图 5-33 所示。可以看到"基准对 1 选项"的类型是线,即圆柱面 1 的基准轴线。

"最大重复次数"默认定义为 10,勾选"显示操控器",取消勾选"选择正交","角度公差"默认定义设置为 5°。

**步骤 4**:选择第二基准,作为次要基准,可以选择圆柱面,或者平面。

选择平面:选择一个平面。在这里选择"平面 1",如图 5-34 所示,与第一基准的基准线为垂直关系。

选择圆柱面:选择第二个圆柱面时,应满足第二个圆柱面的基准轴线垂直于第一个圆柱面的基准轴线,如图 5-35 所示。

**步骤 5**:选择第三基准,作为辅助基准,常选用点或者面。因为步骤 4 有两种选择,所以继续分两种情况。

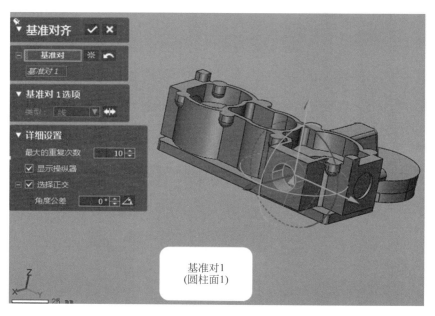

图 5-33    选择第一基准

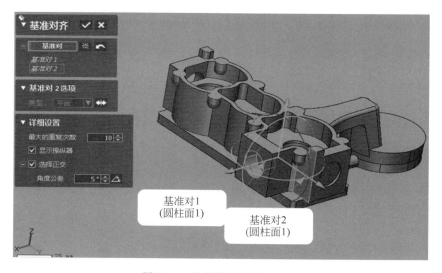

图 5-34    选择平面为第二基准

情况一：第二基准为平面 1 时，第三基准选择平面 2，如图 5-36 所示。至此，六个自由度均被约束。

单击 ✔ 按钮，生成对齐结果（P 坐标系的生成），按上述步骤所得的 P 坐标系如图 5-37 所示。

结合上述几个步骤，可以看出：P 坐标系的 X 轴方向平行"圆柱面 1 的基准线"。Y 轴位于"基准对 2（平面 1）"上，等同于平行"基准对 2（平面 1）"。Z 轴平行"基准对 3（平面 2）"。P 坐标系的原点和平面 1 与圆柱面 1 的基准线的交点重合。

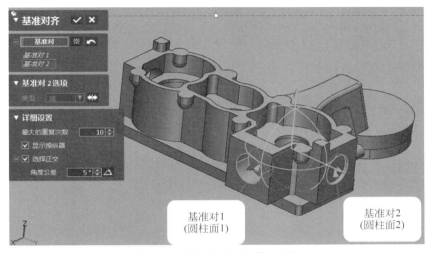

图 5-35 选择圆柱面为第二基准

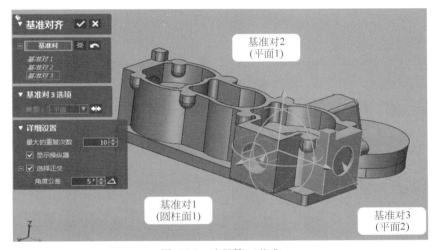

图 5-36 选择第三基准

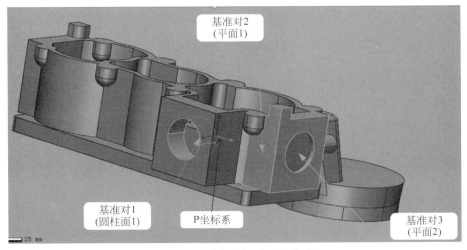

图 5-37 对齐坐标系 P 的生成

情况二：第二基准为圆柱面时，第三基准选择的面应该与 P 坐标系的 X 轴方向为垂直关系，如图 5-38 所示。

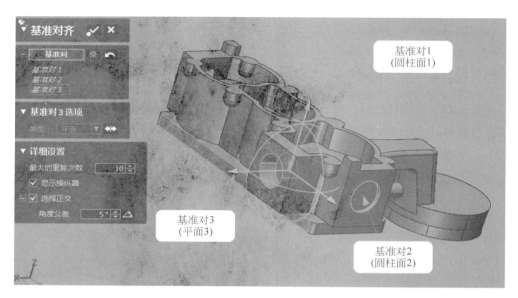

图 5-38　第二基准为圆柱面时

单击 ✔ 按钮，生成对齐结果（P 坐标系的生成），按上述步骤所得的 P 坐标系如图 5-39 所示。

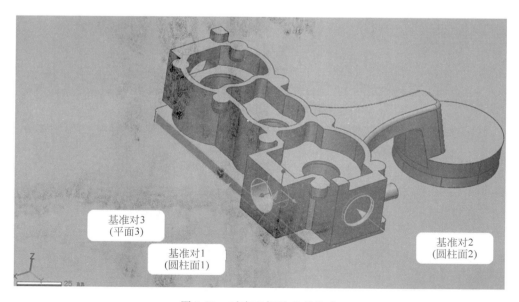

图 5-39　对齐坐标系 P 的生成

结合上述几个步骤，可以看出：P 坐标系的 X 轴方向平行"圆柱面 1 的基准线"。Y 轴平行"圆柱面 2 的基准线"。Z 轴位于"基准对 3（平面 3）"上，等同于平行"基准对 3（平面 3）"。Y 轴、Z 轴的起点均在 X 轴上，X 轴的起点位于平面 3（延伸面）上。

提示：基准对齐相对于 3-2-1 对齐，对基准的选择具有较强的随机性和包容性，可以仅选择一个或者两个基准对，也可以不用形成六个自由度的全约束，选择的特征不必满足平行或者垂直关系。

基准对齐的对齐结果是按选择顺序来优化的，优先保证第一基准对的对齐偏差，第一基准经过对齐后偏差得以优化，第二、第三基准的对齐效果会逐次下降。

第6章

# Geomagic Control X 3D分析

## 6.1　Geomagic Control X 3D 分析工具功能概述

计算机辅助检测软件 Geomagic Control X 的核心步骤为比较分析,比较分析是真正意义上对零件点云数据进行具体的检测操作。前面所做的点对象处理、建立参考对象、创建特征/基准特征、对齐等操作都是为比较分析作前期准备的,主要是为得到一个更能表现出零件真实状况的结果。其中 Geomagic Control X 的比较分析功能主要有 3D 和 2D 两个工具模块,本章主要对 3D 工具的相关功能及其具体操作方法进行介绍。

Geomagic Control X 3D 工具主要可以实现零件的三维(3D)分析以及形位误差(GD&T)分析等功能。三维(3D)分析是通过将对齐后的测试对象(点云数据等)和参考对象(CAD 模型等)进行直接比较,生成结果对象并以三维彩色偏差图模型的形式呈现出来,其反映了整个零件各部位的误差情况。其中,3D 分析工具主要包含 3D 比较、比较点、边界偏差、虚拟边线偏差、轮廓投影曲线偏差、几何偏差、曲线偏差、标绘等功能。不仅如此,用户还可以根据需要或个人爱好,通过定义和修改偏差色谱等操作来更改偏差色谱图的显示,通过注释对整个结果对象或边界对象的指定位置点进行注释,以直接查看该点的偏差信息。

GD&T 分析是沿用事先创建好的特征或基准在 CAD 参考对象上进行三维尺寸标注,它可以定义直线度、平面度、圆度、圆柱度、平行度、垂直度、倾斜度、位置度、同心度、对称度、线轮廓度、面轮廓度、全跳动等 13 种形位公差,以检测指定几何元素的形状和位置偏差。特别是在进行在线检测零件时,便于检测人员快速分辨出合格与不合格产品。输出的报告还可为设计人员分析误差的来源提供有力的依据,便于监控和调整整个生产过程。

除此之外,该软件还有专门针对叶片检测的 Geomagic Blade 模块,对于其具体的分析功能这里不再详细介绍。

## 6.2　Geomagic Control X 3D 工具功能说明

Geomagic Control X 3D 工具的主要操作命令在"比较"和"尺寸"工具栏。"比较"和"尺寸"工具栏的命令如图 6-1 所示。

由图 6-1 可以看出,3D 分析功能命令主要分布在"比较"和"尺寸"两个工具栏中,下面将通过各个工具栏介绍相关的 3D 命令及其功能说明。

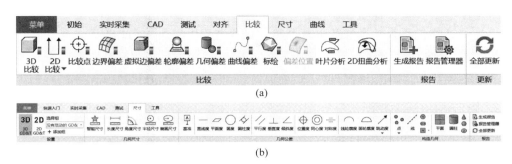

图 6-1　"比较"和"尺寸"工具栏命令

（a）"比较"工具栏；（b）"尺寸"工具栏

## 6.2.1　"比较"工具栏

通过应用此工具栏上的命令，可实现将测试对象与参考对象进行各种比较，如 2D 比较和 3D 比较，得到对应的结果对象。在比较的过程中或过后还可根据需要，编辑彩色结果对象的色谱。不仅如此，在此工具栏内，还可通过一些命令对已比较好的结果对象、特征等进行注释，便于更直观地显现出比较结果的相关信息。除此之外，"比较"工具栏中还有些应用于某些特定行业的功能命令。

（1）3D 比较（　）：3D 比较是在对齐测试对象到参考对象后，以结果对象的形式创建出三维彩色偏差图来量化两者间的结果偏差，并在模型管理器中生成新的结果对象。

3D 比较时，测试对象类型可以是点、多边形或 CAD 模型，参考对象可为多边形或 CAD 数据。其中，结果对象是参考对象的复制，它包含了许多彩色区域。测试点被投影到结果对象的表面上，它们的偏差量以不同颜色的色谱显示。但将测试对象与参考对象比较时，若某部分的数据不足，则该部分的结果对象将显示为灰色。创建结果对象之前，可以控制它的显示分辨率，产生或多或少的颜色区域。较高的分辨率，将显示更多的颜色，也可以将偏差图颜色应用到测试数据上。这种显示是交互式的，可通过调整色谱值的大小，改变图形区域模型颜色显示。

（2）比较点（　）：此命令用于创建和显示特定点位置的偏差。

（3）边界偏差（　）：此命令用于比较和显示参考数据和测试数据之间的边界偏差。

（4）虚拟边偏差（　）：此命令用于比较和显示参考数据到测试数据的实际锐边和理论锐边偏差。

（5）轮廓偏差（　）：此命令用于通过指定方向比较参考数据和测试数据的轮廓投影并显示此偏差。

（6）几何偏差（　）：此命令用于显示任何几何特征的参考位置和测试位置以及两个构造几何之间已计算的固有偏差。

（7）曲线偏差（　）：此命令用于比较和显示参考曲线和测试曲线之间的偏差。

（8）标绘（　）：此命令用于分析和显示厚度结果、曲率和测试数据的角度，可以不需要参考数据结果。

（9）偏差位置（　）：通过将测试数据与最佳拟合曲面进行比较来定位和描述曲面上的

偏差。不需要参考数据,但建议使用。

(10) 叶片分析( ):此命令用于在叶片的横截面上标注 2D 尺寸。

(11) 2D 扭曲分析( ):此命令用于在对齐之后,进行平移和扭曲旋转的偏差分析。

## 6.2.2 "尺寸"工具栏

"尺寸"工具栏主要包括一些尺寸的创建、编辑和评估等命令,通过采用这些命令可以在三维视图中手动或自动创建指定的 3D 尺寸,或通过三维视图的横截面来创建出 2D 尺寸。应用此栏目中的命令,还可进行尺寸的形位公差标注和评估,并可通过生成报告功能将创建的尺寸和形位公差标注展示出来,方便人们共享检测结果,从而更好达到检测目的。

根据不同的功能,该工具栏可以分为设置、几何尺寸、几何公差、构造几何和报告五组命令集。

### 1. 几何尺寸

"几何尺寸"命令集主要用于在图形区域内创建相关的 3D 尺寸。

(1) 智能尺寸( ):此命令用于创建长度、半径、椭圆或角度尺寸。确定的尺寸类型是根据操作者的选择在图形区域内自动选出。

(2) 长度尺寸( ):此命令用于测量所选目标实体或对象之间的长度尺寸。

(3) 角度尺寸( ):此命令用于测量目标实体或对象之间的角度尺寸。

(4) 半径尺寸( ):此命令用于测量目标实体或对象的半径尺寸。

(5) 椭圆尺寸( ):此命令用于检测椭圆特征的最长和最短距离。

### 2. 几何公差

几何公差一般指形位公差,简称为 GD&T。GD&T 标注命令是一组为用户提供在CAD 参考对象上定义尺寸的大小和位置的命令工具,是一种在工程图领域内用以描述三维实体的国际工程语言。这个 GD&T 标注功能遵循的是美国国家标准学会/机械工程师尺寸等机构中的各种 GD&T 标准。

"创建 GD&T 标注"命令 用于在 CAD 对象上创建 GD&T 标注。它只有在至少包含参考(CAD)对象,且在参考对象上有创建标注的特征或基准的前提下才可以应用。不过由于执行评估 GD&T 标注命令的前提是要有创建好的 GD&T 标注及测试对象,因此,创建GD&T 标注的文件上最好还拥有测试对象,以便可以对创建的标注进行评估。通过该命令可以创建平面度、圆柱度等 13 种几何公差,以指示指定尺寸的几何偏差状况,如图 6-2所示。

图 6-2    几何公差

**3．构造几何**

构造几何工具栏主要是针对参考数据或测试数据来构造点或几何图形，用于辅助检测。

（1）点（：•）：针对参考数据或测试数据构造参考点。点可用于查找线和面之间的相交并定义位置信息。

（2）线（╱）：针对参考数据或测试数据构造直线。

（3）圆（◉）：针对参考数据或测试数据构造圆。

（4）腰形孔（▰）：针对参考数据或测试数据构造腰形孔。

（5）矩形（▣）：针对参考数据或测试数据构造矩形。

（6）平面（▦）：针对参考数据或测试数据构造平面。平面可用于设置截面并标注截面尺寸。

（7）圆柱（▤）：针对参考数据或测试数据构造圆柱。

（8）圆锥（▲）：针对参考数据或测试数据构造圆锥。

（9）球（●）：针对参考数据或测试数据构造球体。

（10）圆环（◉）：针对参考数据或测试数据构造圆环。

# 6.3　Geomagic Control X 3D 分析实例

## 6.3.1　钣金件的 3D 检测分析实例

本节以钣金件的检测为例，对 3D 比较功能进行演示。由于该零件形状复杂，快速准确地获得整体偏差及回弹量成为实现钣金件质量控制的关键，而采用传统的检测方法难以实现。针对钣金件的回弹检测，拥有强大比较分析功能的 Geomagic Control X 检测软件，可以对钣金件的点云数据和 CAD 模型进行 3D 比较、边界偏差和 2D 比较等功能处理，分别检测出钣金件的整体、边界及重要截面的回弹情况，并可将检测结果以图文形式直观地显示出来。

目标：下面以一个钣金件的冲压回弹检测为例，熟悉 3D 比较常用的技术命令。通过 3D 比较、编辑偏差色谱、偏差标签和边界偏差等相关功能命令完成对钣金件的 3D 检测分析。

本实例可能用到的主要命令有：

（1）"初始"→"导入"；

（2）"菜单"→"文件"→"导入"；

（3）"初始"→"对齐"→"初始对齐"或"对齐"→"初始对齐"；

（4）"初始"→"3D 比较"或"比较"→"3D 比较"。

本实例的操作主要有以下几个步骤：

（1）导入参考数据和测试数据，进行初始对齐；

（2）进行 3D 比较，生成色谱图；

（3）进行偏差标签设置，查看特定位置的偏差值；

（4）进行边界偏差设置，产生偏差值和色谱图。

**步骤1：导入参考数据和测试数据**

在进行3D比较之前，单击"初始"选项卡下的"导入"，打开配套文件第6章下的"模型数据"文件夹，选择其中的测试数据Reference_Data1.CXProj与参考数据文件Measured_Data1.CXProj，同时选中两个文件，然后单击"仅导入"，如图6-3所示。

从图6-3可以看到，钣金件的CAD模型和点云数据均已被导入到了Control X图形区域内，还未进行对齐。根据零件特性，先采用"初始对齐"方式，并通过选择事先创建好的零件表面的定位点、孔等特征作为基准进行对齐，对齐后就可以开始进行相关的检测分析。对齐后图形如图6-4所示。

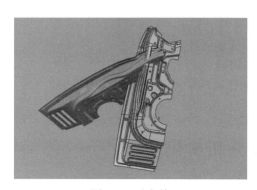 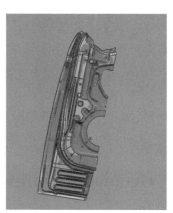

图6-3　对齐前　　　　　　　　　　图6-4　对齐后效果

**步骤2：进行3D比较，生成色谱图**

模型对齐后，在进行3D比较前的"比较"选项卡如图6-5所示。

图6-5　"比较"选项卡

3D比较的具体步骤及相关对话框中的选项功能说明如下：

（1）在"初始"选项卡中，"比较"组下，单击"3D比较"或者选择"比较"→"3D比较"命令，弹出如图6-6所示的"3D比较"对话框。在"计算选项"栏下的"采样比率"是100%，在"方法"项中选择下拉列表中的"外表"选项，在"投影方向"项中选择下拉列表中的"最短"选项，最大偏差是"自动"。

其各项功能意义如下：

① 采样比率：从测试数据中按指定值采样点。当比率为100%时，将使用所有数据。当比率为50%时，将使用一半的数据。当使用较大的数据集以较小的比率采样时，不会牺牲注册结果（对分析效果会有影响），但会减少处理时间。

图6-6　"3D比较"对话框

② 方法：对参考面和扫描面进行比较的方法进行设置。其中，外表：比较参考面和扫描面之间的偏差；厚度：比较参考厚度和扫描厚度之间的偏差，此命令在检查零件（例如塑料零件或刀片零件）的壁厚时很有用。

③ 投影方向：设置测试模型与参考模型之间的投影方向，其中，最短：将测试点投影到最短距离的参考数据中，测得的投影距离将成为偏差的实际值；沿法线：将测试点沿参考面的法线方向投影到参考数据上，测得的投影距离将成为偏差的实际值；自定义：通过选择平面实体或输入方向值，沿自定义的方向将测试点投影到参考数据上，测得的投影距离将成为偏差的实际值。

④ 最大偏差：指定用于忽略计算中离群最大点的偏差。超出最大距离的任何被测点将被视为离群数据。

⑤ 仅使用选择数据：指定部分目标面或区域，以检查该区域的偏差，生成的偏差图也限制在选定面或区域内。

（2）单击 ➡，进入下一步，不仅执行偏差测量和产生色谱图，还可以创建"偏差标签"命令。然后模型视图下面出现参考位置、测试位置，公差和偏差的检测结果，如图 6-7 所示。

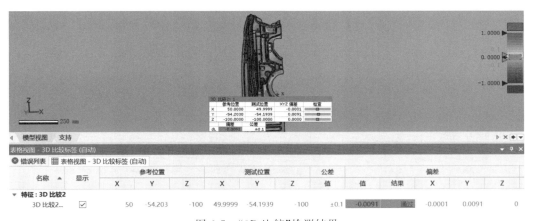

图 6-7　"3D 比较"检测结果

同时也会弹出如图 6-8 所示的对话框，在"显示选项"中选择下拉列表中的"色图"选项，"颜色适度"选项的进度条拉到居中位置，最大范围是 1 mm，最小范围是−1 mm，并勾选"显示公差颜色"选项和"使用指定公差"选项，"使用指定公差"的值是±0.1 mm，其各项功能意义如下。

① 显示选项

色图：使用定义的颜色范围将结果显示为颜色图。

矢量：使用定义的颜色范围将结果显示为矢量图。

色点：使用偏差颜色范围定义的颜色显示所有测量点的偏差结果。

颜色适度：调整参考数据上颜色图的扩展比例。将此滑块调整到最大，以扩展颜色图，并使与相邻偏差区域连接的有色偏差区域平滑。

图 6-8　"3D 比较"下一步对话框

显示轮廓线：显示有色偏差区域的边界之间的轮廓线，以清楚地区分颜色范围。

② 颜色面板选项

最大范围：用于指定偏差分析的最大范围。

最小范围：用于指定偏差分析的最小范围。

**提示**：如"最大范围"进行了修改，"最小范围"将自动设置为"最大范围"的负值。但是"最小范围"也可以独立进行调整。

显示公差颜色：使公差颜色在模型上可见。公差颜色可以在颜色栏中进行调整。

使用指定公差：指定当前检查功能的允许公差范围。

选择模板：单击"选择模板"以更改颜色栏。可以从颜色栏预设中选择颜色栏。有关如何自定义颜色栏的更多信息，请参见工具→管理颜色栏模板。

（3）直接单击 ✔ 按钮，就会产生色谱图，模型视图下方出现"3D 比较"的数据表格，如图 6-9 所示。

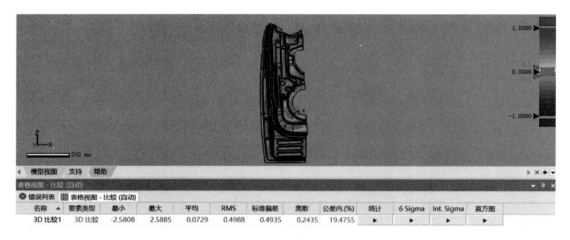

| 名称 | 要素类型 | 最小 | 最大 | 平均 | RMS | 标准偏差 | 离散 | 公差内.(%) | 统计 | 6 Sigma | Int. Sigma | 直方图 |
|------|----------|------|------|------|-----|----------|------|------------|------|---------|------------|--------|
| 3D 比较1 | 3D 比较 | -2.5808 | 2.5885 | 0.0729 | 0.4988 | 0.4935 | 0.2435 | 19.4755 | ▶ | ▶ | ▶ | ▶ |

图 6-9　"3D 比较"直接检测结果

**步骤 3：进行偏差标签设置，查看特定位置的偏差值**

（1）单击"3D 比较"对话框中"偏差标签"左边的 ▶ 图标，弹出如图 6-10 所示的"自动"和"手动"选项。"颜色适度"选项进度条拉到居中位置，在"手动"项中选择下拉列表中的"选择"选项。

"偏差标签"用于对偏差的显示效果进行设置，其各选项的含义如下。

自动：自动设置模型上的偏差标记点。

高于公差的数量：设置超出指定公差范围偏差标记点的数量。

低于公差的数量：设置在指定公差范围内偏差标记点的数量。

手动：手动设置模型上的偏差标记点。

选择：在模型的选定位置上标记偏差值。

线性阵列：使用线性图案方法标记偏差点。需要使用"种子位置"功能指定起始位置。通过选择线性实体或具有轴的实体来设置线性阵列的方向。

圆形阵列：使用圆形方法标记偏差点。需要使用"种子位置"功能指定起始位置。通过选择线性或具有轴的实体来设置旋转轴。设置实例编号和间隔角度以建立多个点。选中"等间距"时，圆将被指定数量的实例均分。

沿曲线：在选定曲线上标记偏差点。需要使用种子位置功能指定起始位置。选择曲线或边缘作为"路径曲线"。设置"实例数和距离"以获取多个点。选中"等间距"时，曲线将被指定的实例数均分。

圆柱型：使用圆柱图案方法在圆柱面上标记偏差点。需要使用"种子位置"功能指定起始位置。通过选择线性实体或具有轴的实体来设置"旋转轴"。设置"实例数"和"间隔角度"以得出多个点。选中"相等间距"时，圆将被指定数量的实例均分。要将图案沿轴向偏移，请设置偏移量和距离编号。

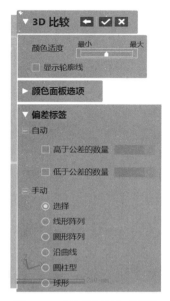

图 6-10　"偏差标签"对话框

球形：使用球形图样方法在球形面上标记偏差点。需要使用"种子位置"功能指定起始位置。通过选择一个实体来设置球心和极轴。设置球心角选项和半径选项以建立多个点。

（2）使用"偏差标签"下面的"选择"选项并在物体上面选择若干点，来查看特定位置的偏差值。每个点测试对象和参考对象的位置和偏差的注释将会显示，如图 6-11 所示。使用

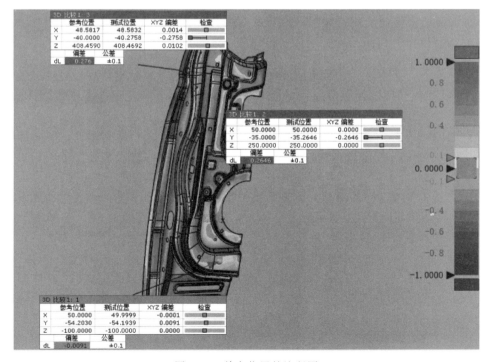

图 6-11　单点位置的注释图

鼠标右击创建的注释,将可以选择"预置",一般默认是"Detailed",如图 6-12 所示。

(3)单击 ✅ 按钮,完成命令,在模型管理器上会新增一个结果对象"3D 比较 1",其中包含了已操作的相关的参考对象和测试对象的偏差记录。在生成了"3D 比较"创建的结果对象后,其他的一些分析命令如"尺寸"工具栏下的"几何尺寸"和"几何公差"就可以使用了。3D 比较后的模型管理器如图 6-13 所示。

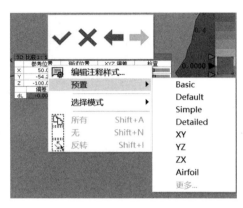

图 6-12    注释的预置

图 6-13    3D 比较后的模型管理器

图形区域内产生的 3D 比较后的结果对象如图 6-14 所示。

**步骤 4:编辑色谱**

这个命令能很好地局部控制色谱的外观显示及位置。右击视图中的色谱,会弹出色谱编辑菜单,如图 6-15 所示。

编辑偏差色谱的步骤如下。

(1)通过右击色谱图将弹出如图 6-15 所示的色谱编辑菜单。

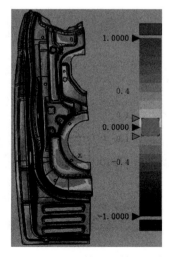

图 6-14    3D 比较后的结果对象

图 6-15    色谱编辑菜单

具体的编辑偏差色谱的 4 个途径如下。

① 通过删除现有的段,来减少色谱段数。

a. 取 0.7500～0.5000 间的颜色段,如图 6-16(a)所示。

b. 单击"删除"按钮,删除该段,结果如图 6-16(b)所示。

② 通过分割现有的段以增加段数。

a. 取 1.0000～0.0000 之间的颜色段,如图 6-17(a)所示。

b. 右击色谱图,单击"分割"按钮,选择"×3"将把颜色段平均分成三份,结果如图 6-17(b)所示。

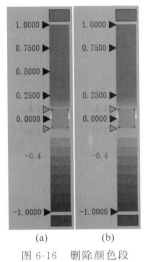

图 6-16 删除颜色段

(a) 变化前;(b) 变化后

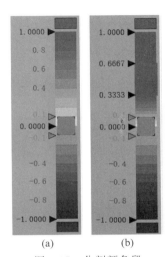

图 6-17 分割颜色段

(a) 分割前;(b) 分割后

③ 改变其中一段的颜色。

a. 选取 0.1～1.0000 间的颜色段,如图 6-18(a)所示。

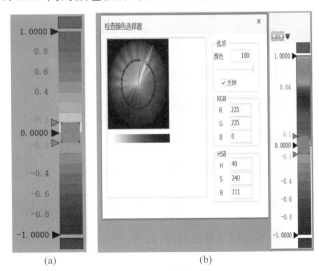

图 6-18 更改颜色

(a) 变化前;(b) 变化后

b. 右击色谱图,选择"编辑颜色",出现"检查颜色选择器"对话框,把"颜色条"拉到100,用新的颜色来更新色谱,如图 6-18(b)所示。

④ 复制一段颜色,将其粘贴到其他颜色段。

a. 选取 0.1～1.0000 间的颜色段,如图 6-19(a)所示。

b. 右击色谱图,选择"复制",粘贴到－0.1～－1.0000 颜色段,就会更新复制的色谱图,如图 6-19(b)所示。

(2) 如果想将这个新的色谱应用到将来的分析中,可将修改后的色谱图保存下来,双击色谱图,单击 ▼ "下拉箭头"的"另存为模板"按钮即可,如图 6-20 所示。

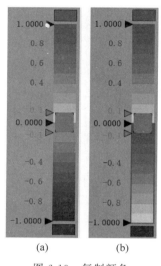

图 6-19 复制颜色
(a) 变化前;(b) 变化后

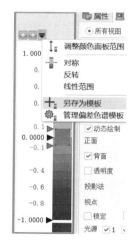

图 6-20 另存为模板

**步骤 5:进行边界偏差设置,产生偏差值和色谱图**

(1) 单击"边界偏差"命令,弹出如图 6-21 所示的"边界偏差"对话框,在"计算选项"栏下的"投影方向"项中选择下拉列表中的"最短"选项,"最大偏差"是"自动",在"测量"项中选择下拉列表中"投影方向"选项。

其各项功能含义如下。

境界:在参考数据中选择一个或多个边界。

投影方向:测量"投影方向"选项中指定的投影方向上要素边界上参考数据与测试数据之间的偏差。

法线方向:在参考数据的法线方向上测量要素边界上参考数据和测试数据之间的偏差。

切线方向:在参考数据的切线方向上测量要素边界上参考数据和测试数据之间的偏差。

自定义方向:允许定义自定义方向。对参考数据和测试数据之间的偏差将在定义的自定义方向上的特征边界上进行测量。

(2) 选择模型数据的外部边界,如图 6-22 所示。

图 6-21　"边界偏差"对话框

图 6-22　选择外部边界

（3）单击  按钮，进入下一步，弹出如图 6-23 所示的对话框，并且偏差将被计算并以颜色矢量显示，如图 6-24 所示。此时"显示选项"项中选择下拉列表中的"矢量"选项，"矢量显示倍率"是 1，"矢量显示比率"是 100%，勾选"显示公差颜色"选项。

（4）使用鼠标靠近边界并使用快捷键 Ctrl＋W 可以放大查看边界情况，如图 6-25 所示。

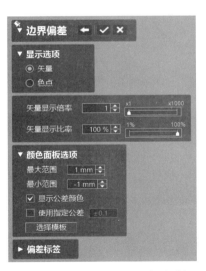

图 6-23　"边界偏差"下一步对话框

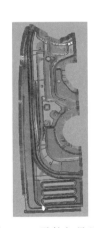

图 6-24　零件矢量显示

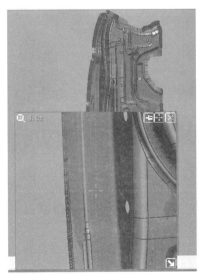

图 6-25　放大查看边界情况

（5）分析边界上特定位置的偏差值，选择"偏差标签"下面的"选择"选项，并在边界上面选择若干点，来查看边界上的偏差值，偏差结果将在"偏差标签"中显示，模型视图下方的表格将显示相关检测结果，如图 6-26 所示。

**步骤 6：保存文件**

将该阶段的模型数据进行保存，单击左上角"菜单"下的"文件"，单击"另存为"命令，在弹出的对话框中选择合适的保存路径，文件命名为 Inspected1. CXProj，单击"保存"按钮。

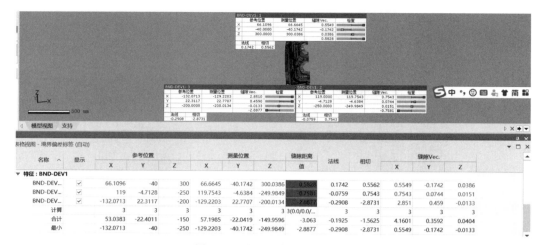

图 6-26    边界比较的偏差标签

## 6.3.2    零件的形位公差检测分析实例

本节以图 6-27 所示的数据模型为样例来介绍 Geomagic Control X 3D 工具的形位公差（GD&T）标注、3D 尺寸等相关功能命令的操作方法。

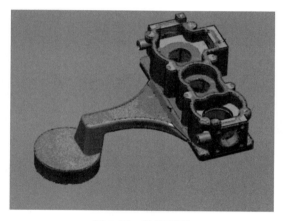

图 6-27    数据模型

目标：下面以一个零件为例，熟悉 3D 形位公差标注阶段常用的基础技术命令，如几何公差（平面度、位置度、圆度和圆柱度）和 3D 尺寸的设置。

本实例需要运用的主要命令有：

（1）"菜单"→"工具"→"GD&T 工具"；

（2）"菜单"→"工具"→"GD&T 工具"→"智能尺寸"。

本实例的操作有以下几个主要步骤：

（1）导入参考数据和测试数据，进行初始对齐；

（2）进行几何公差（平面度、位置度、圆度和圆柱度）设置；

（3）创建 3D 尺寸。

**步骤1：导入参考数据和测试数据，进行初始对齐**

进行几何公差设置和创建3D尺寸前不一定先要进行3D比较，只要在参考对象上有创建标注的特征或基准就可以应用，主要为了在参考对象上定义相关区域的形状与位置。

在本例中，根据检测要求及为了尽可能多地讲解各形位公差创建方法，将会创建模型的平面度、位置度、圆度、圆柱度等，具体操作步骤如下：

（1）单击"初始"选项卡下的"导入"，打开第6章"模型数据"文件夹下的参考数据Reference_Data2.CXProj与测试数据文件Measured_Data2.CXProj，同时选中两个文件，然后单击"仅导入"按钮，结果如图6-28所示。

（2）然后单击"初始对齐"按钮，得到如图6-29所示模型。本案例中没有进行3D比较。

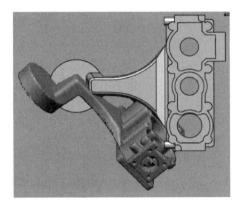

图6-28　导入模型

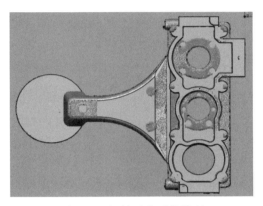

图6-29　初始对齐后的模型

**步骤2：进行几何公差设置**

（1）单击"尺寸"下的"平面度"图标 ▱，弹出如图6-30所示的"平面度"对话框，功能说明如下。

对象：选择一个目标实体或两个相对的平面实体以验证位置公差。

公差：定义公差带的宽度。

阵列：同时测量阵列分布的特征的平面度。

回转注释方向：单击"回转注释方向" ↻ 以旋转注释平面。

显示拟合偏差：出现色谱图显示偏差。

（2）选择"面4"作为目标，然后把注释放置在模型视图中想要的位置，在"公差"输入框中输入0.2mm来设置平面度公差，如图6-31所示。

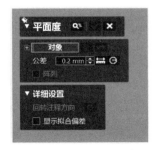

图6-30　"平面度"对话框一

图6-31　"平面度"对话框二

（3）单击 ✅ 按钮，完成命令，模型视图下方的表格将显示平面度的测试数值和公差等结果，如图 6-32 所示。

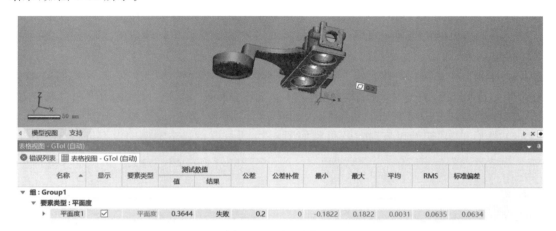

| 名称 | 显示 | 要素类型 | 测试数值 | | 公差 | 公差补偿 | 最小 | 最大 | 平均 | RMS | 标准偏差 |
|---|---|---|---|---|---|---|---|---|---|---|---|
| | | | 值 | 结果 | | | | | | | |
| ▼ 组：Group1 | | | | | | | | | | | |
| ▼ 要素类型：平面度 | | | | | | | | | | | |
| ▶ 平面度1 | ☑ | 平面度 | 0.3644 | 失败 | 0.2 | 0 | -0.1822 | 0.1822 | 0.0031 | 0.0635 | 0.0634 |

图 6-32 平面度标注

图 6-33 "位置度"对话框

（4）单击"尺寸"下的"位置度"图标 ⊕，弹出如图 6-33 所示的"位置度"对话框，选择"使用基准参照框架"选项，"基准计算方法"是"空间"，其余部分选项说明如下。

① 突出公差带：在特征的实际位置之外的指定距离内投影公差带，可将其应用于具有轴的特征，例如圆柱特征或圆锥特征。

② 阵列：同时验证多个阵列化分布特征轮廓的位置。

③ SEPREQT：将要素与需求组分离并评估该要素，而不考虑其他几何公差。

④ 使用基准参照框架：通过优化和重新定位每个基准参考系的搜索来计算位置公差。

⑤ 基准计算方法：定义一种配合方法以从成对的测量点中找到成对的几何体。具体包括以下几项。

空间：沿着利用最小二乘拟合法得到的几何形状的法向方向，找到最近的成对测量点。

材质：沿着利用最小二乘拟合法得到的几何形状的法向方向，找到最远的成对测量点。

作为参考：通过拟合法在目标面或边中寻找配对的几何形状。

⑥ 基准：指定基准。

⑦ 使用当前对齐：在定位测试数据时计算位置公差，而无需根据基准参考系对搜索的成对几何进行优化和重新定向。

⑧ 回转注释方向：单击"回转注释方向" 🔁 以旋转注释平面。

（5）选择一个圆柱面作为目标，然后把注释放置在模型视图中想要的位置。

（6）在"公差"输入框中输入 0.2，设置位置度公差为 0.2 mm，如图 6-34 所示，单击 ✅ 按钮，完成命令。

（7）单击"尺寸"下的"圆度"图标〇，弹出如图 6-35 所示的"圆度"对话框，部分选项说明如下。

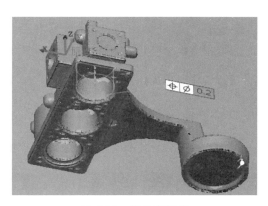

图 6-34　位置度标注

图 6-35　"圆度"对话框

断面数：指定用于评估圆度的截面总数。

间距：指定截面之间的距离。

（8）选择一个圆柱面作为目标，然后把注释放置在模型视图中想要的位置。在公差输入框输入 0.2 mm 来设置圆度的公差，在"选项"下的"断面数"输入框中输入 5 来定义圆度测量的断面个数，单击 ✔ 按钮，完成命令，如图 6-36 所示。

（9）单击"尺寸"下的"圆柱度"图标 ◇，弹出如图 6-37 所示的"圆柱度"对话框，其功能与前面类似。

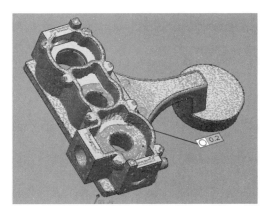

图 6-36　圆度标注

图 6-37　"圆柱度"对话框

（10）选择一个圆柱面作为目标，然后把注释放置在模型视图中想要的位置。在公差输入框中输入 0.3 mm 来设置圆柱度的公差，单击 ✔ 按钮，完成命令，如图 6-38 所示。

**步骤 3：创建 3D 尺寸**

"3D 尺寸"命令用于在 3D 空间上创建尺寸，主要通过将特征投影到工作平面的方法来计算特征间的相对位置尺寸（如距离、角度等）以及特征尺寸（如半径或直径等）。

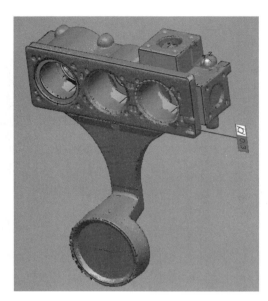

图 6-38　圆柱度标注

　　"3D 尺寸"有"智能尺寸""长度尺寸""角度尺寸""半径尺寸""椭圆尺寸"等按钮。"智能尺寸"检查目标实体的距离、半径或角度等,具体的维度类型由所选目标实体的对象自动确定。下面仍以本小节的数据模型为例介绍 3D 尺寸的创建方法。

　　(1) 在"尺寸"选项卡中的"几何尺寸"组下,单击"智能尺寸"或选择"菜单"→"工具"→"GD&T 工具"→"智能尺寸",弹出如图 6-39 所示的"智能尺寸"对话框,其部分功能说明如下。

　　类型：将尺寸类型自动显示为线性、径向或角度。

　　参照：显示参考尺寸,用作一般特征识别的指定值。该值是自动从参考数据中提取的。如果需要,也可以手动修改。手动更改默认参考值时,"估算"按钮将显示在参考输入框旁边。要从选定的目标实体计算参考值,请单击"估算"按钮。估算后,该按钮将被禁用。

　　(2) 选择一对面作为目标,然后把注释放置在模型视图中想要的位置,"智能尺寸"将执行"长度尺寸"的功能,如图 6-40 所示。

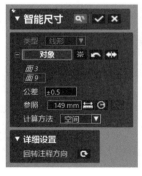

图 6-39　"智能尺寸"对话框

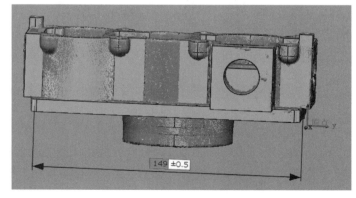

图 6-40　长度尺寸

（3）在公差输入框中输入 0.5，来设置尺寸公差为 ±0.5 mm，并把计算方法选项设置为"空间"。

（4）检查预览并单击 ✓ 按钮。

（5）选择一对面作为目标，然后把注释放置在模型视图中想要的位置，"智能尺寸"将执行"角度尺寸"的功能。

（6）在公差输入框中输入 0.5，来设置尺寸公差为 ±0.05 mm，如图 6-41 所示。

（7）单击 ✓ 按钮，如图 6-42 所示。

图 6-41　"智能尺寸"对话框　　　　　　　图 6-42　角度尺寸

**步骤 4：保存文件**

将该阶段的模型数据进行保存，单击左上角"菜单"下的"文件"，单击"另存为"命令，在弹出的对话框中选择合适的保存路径，命名为 Inspected2.CXProj，单击"保存"按钮。

# 第7章

# Geomagic Control X 2D分析

## 7.1 Geomagic Control X 2D 工具功能概述

继第 6 章的 3D 分析之后,2D 分析为 Geomagic Control X 比较分析功能的另一主要部分。3D 分析是对零件的三维形状进行分析,而 2D 分析则是从截取零件的二维截面入手,分析二维截面上的偏差情况。

2D 分析工具主要有 2D 比较、2D GD&T 等相关功能命令。2D 比较命令与第 6 章的 3D 比较功能相似,不同的是它只针对定义好的某个截面来进行偏差分析,而不是针对整个结果对象。2D GD&T 也类似于 3D 分析工具中的 3D GD&T,是对某个截面进行尺寸的标注。犹如二维 CAD 中尺寸的标注,不同的是,在 CAD 中仅可对其中的某几个视图进行标注,而 2D GD&T 这一功能命令可以在任一截取到的截面上创建多种几何尺寸与几何公差类型,因此可加深人们对模型的了解,特别是为设计人员深入理解、分析产品的制造精度提供了便利的途径。

在 2D 分析工具中,通过 2D 比较可以对模型的指定截面进行质量分析,生成偏差色谱图,通过 2D GD&T 可以对指定截面进行尺寸与公差的标注。所有这些命令及创建的一系列 2D 视图,随后就能被生成到检测报告中,以便于更直观地查看。

此外,2D 分析工具还包括 2D 扭曲分析和叶片截面分析,但这两项主要应用于蜗轮叶片工业。这里就不再详述。

## 7.2 Geomagic Control X 2D 工具功能说明

在第 6 章中已提到,Geomagic Control X 检测分析除了 3D 分析工具外,还包含从截面提取检测信息的 2D 分析工具,其结果都可用于检测报告的生成。图 7-1 所示为"比较"选项卡,2D 比较的功能命令基本都在其中,图 7-2 所示为"尺寸"选项卡,2D GD&T 的功能命令基本都在其中。

由图 7-1 和图 7-2 可以看出,2D 分析功能命令分布在"比较"选项卡下的"2D 比较"命令和"尺寸"选项卡下,下面将分别介绍各选项卡中具体的功能命令。

(1) 2D 比较( ):此命令用于在测试数据与参考数据上截取二维横截面并进行二维偏差比较,以二维彩色偏差图的形式显示出两截面之间的偏差,并在模型管理器的结果数据

图 7-1　"比较"选项卡

图 7-2　"尺寸"选项卡

中生成相应的 2D 比较的结果对象。"2D 比较"命令下有三个子命令,如图 7-3 所示。

① 2D 比较(📊):此命令是在测试数据与参考数据上生成一个二维横截面并进行比较。

② 多个 2D 比较(📊):此命令是在测试数据与参考数据上生成多个间距相等且相互平行的二维横截面并进行比较。

③ 导航 2D 比较(🔍):此命令用于在已生成的二维横截面上创建 2D 比较注释。

图 7-3　"2D 比较"命令

2D 比较(📊)命令允许通过已建立好的特征(如基准平面等)截取所需的截面。2D 比较是对测试数据和参考数据进行比较,因此 2D 比较是在模型对齐的基础上进行的,更确切地说是在结果对象上进行比较的。

(2) 2D 扭曲分析(🎨):此命令主要用于叶片分析,2D 扭曲分析工具可分析参考数据和测试数据的剖面轮廓之间的扭曲角度偏差。

(3) 2D GD&T(**2D**):此命令用于在参考数据和测试数据中截取二维截面以进行 2D 尺寸和形位公差的标注。其中,在参考数据被激活的前提下才能进行 2D GD&T 的注释。同时,只有用"2D GD&T"中的"添加截面"命令在参考数据或测试数据上创建相交断面后,"几何尺寸"和"几何公差"模块下的命令才能被激活。

(4)"几何尺寸"模块。"几何尺寸"模块的命令主要是在"2D GD&T"命令所截取的二维相交断面上创建相关的几何尺寸,主要有以下命令。

① 智能尺寸(⭐):此命令用于在二维相交断面上智能地标注长度、角度、半径或椭圆等基本尺寸及其允许的公差范围。对于标注的具体尺寸类型,软件会根据所选择的对象自动确定。

② 长度尺寸(📏):此命令用于在已生成的二维相交断面上标注所测量的目标实体之间的基本长度和公差范围。

③ 角度尺寸(📐):此命令用于在已生成的二维相交断面上标注所测量的目标实体之间基本角度和公差范围。

④ 半径尺寸(📷):此命令用于在已生成的二维相交断面上标注所测量的目标实体之间半径尺寸和公差范围。

⑤ 椭圆尺寸(📷):此命令用于在已生成的二维相交断面上标注所测量的目标实体之

间椭圆尺寸和公差范围。"椭圆尺寸"命令用于检测椭圆特征的最长和最短距离。

（5）"几何公差"模块。"几何公差"模块的命令主要用于在二维相交断面上创建相关的形状或位置公差，主要有以下命令。

① 基准（▣）：此命令用于在已生成的二维相交断面上创建基准，基准是建立特征的位置或几何特征的起点。

② 直线度（▭）：此命令用于在已生成的二维相交断面上创建直线度标注，直线度用于测量平面内特征与直线之间的偏差。

③ 圆度（◎）：此命令用于在已生成的二维相交断面上创建圆度标注，圆度用于测量平面内特征与同心标准圆之间的偏差。

④ 平行度（╱）：此命令用于在已生成的二维相交断面上创建平行度标注，平行度用于测量特征轮廓与平行于特定基准的方向偏差。

⑤ 垂直度（⊥）：此命令用于在已生成的二维相交断面上创建垂直度标注，垂直度用于测量特征轮廓与90°的偏差。

⑥ 倾斜度（∠）：此命令用于在已生成的二维相交断面上创建倾斜度标注，倾斜度用于测量曲面、轴或平面与非90°之间的偏差。

⑦ 位置度（⊕）：此命令用于在已生成的二维相交断面上创建位置度标注，位置度用于描述特征相对于基准参考或其他特征的准确位置。

⑧ 同心度（◎）：此命令用于在已生成的二维相交断面上创建同心度标注，同心度用于测量可能偏离特定基准的多个直径的中心点数量。

⑨ 对称度（⩵）：此命令用于在已生成的二维相交断面上创建对称度标注，对称度用于测量两个特征的中点与特定基准的偏差。

（6）构造几何（⁘）：此命令用于在二维相交断面上针对参考截面轮廓线或测试轮廓线构造出点、线、面等几何形状特征，以便于进行2D分析。

（7）配对（▦）：此命令用于在三维数据模型上管理和定义参考数据与测试数据之间的对信息，编辑全局默认对规则并明确编辑和定义参考几何和测试几何之间的对。

（8）线段分辨率（▬▬）：此命令用于调整线段的显示分辨率，向左滑动滑块将创建更少的线段，线和圆弧将被更长的线段分割开。向右滑动滑块将创建更多的线段，线和圆弧将被更小的线段分割开。通过移动滑块，调整后的线和圆弧将实时显示。

（9）截面可见性（▦）：此命令用于显示或者隐藏测试数据与参考数据的二维相交断面。

## 7.3　Geomagic Control X 2D分析实例

从第6章的介绍可以看出，对于实际零件的检测仅用3D分析命令来进行检测分析是不够的，譬如说一些内孔的深度等不能标注出，因此有必要通过截取横截面来对三维实体内部进一步地分析与标注，以便更全面直观地查看相关尺寸。这样更有利于深入理解、掌握设计者的思路和意图。Geomagic Control X中的2D分析工具就可满足上述要求。下面通过两个应用实例来详细说明以上命令的操作步骤。

### 7.3.1　2D 分析应用实例

本节将通过实例讲述 2D 分析工具中主要命令的整体操作流程。另外，进行 2D 分析前结果对象必须存在。进行 2D 分析操作时截面位置的截取是十分重要的，在截取二维截面时应避免所截取的平面为非流形断面，因为在非流形断面上进行分析时所得到的结果可能与实际存在较大的误差。

目标：对测试数据与参考数据进行基本的 2D 分析操作，熟悉 2D 分析中常用的基本命令和操作流程。本实例的流程主要是：获取 2D 比较的二维截面、创建 2D 比较注释、获取 2D GD&T 的相交断面、创建 2D GD&T 的注释。

本实例需要运用的主要命令有：

（1）"菜单"→"文件"→"导入"或"初始"→"导入"；

（2）"菜单"→"插入"→"初始对齐"或"初始"→"对齐"→"初始对齐"；

（3）"菜单"→"插入"→"对齐"→"基准对齐"或"初始"→"对齐"→"基准对齐"；

（4）"菜单"→"插入"→"比较"→"2D 比较"或"比较"→"比较"→"2D 比较"；

（5）"菜单"→"插入"→"断截面"⊔或"尺寸"→"设置"→"2D GD&T"→"添加截面"＋；

（6）"尺寸"→"几何尺寸"→"智能尺寸"或"菜单"→"工具"→"断面工具"→"智能尺寸"☆；

（7）"尺寸"→"尺寸"→"长度尺寸"▦或"菜单"→"工具"→"断面工具"→"长度尺寸"▦；

（8）"尺寸"→"几何尺寸"→"圆度"◯或"菜单"→"工具"→"断面工具"→"圆度"◯。

本实例操作的主要步骤：

（1）导入测试数据与参考数据；

（2）对齐测试数据与参考数据；

（3）进行 2D 比较操作；

（4）进行 2D GD&T 操作。

**步骤 1：导入测试数据与参考数据**

激活模型管理器中的结果数据标签，再选择"菜单"→"文件"→"导入"或"初始"→"导入"，选择配套文件中第 7 章文件夹数据模型下的"连接件测试数据.CXProj"与"连接件参考数据.CXProj"，单击"仅导入"，在"模型视图"窗口即可看到如图 7-4 所示的模型数据。

**步骤 2：对齐测试数据与参考数据**

（1）初始对齐：选择"菜单"→"插入"→"初始对齐"或"初始"→"对齐"→"初始对齐"，弹出如图 7-5(a)所示的"初始对齐"对话框，保持"利用特征识别提高对齐精度"默认选项，单击✓按钮，完成初始对齐。初始对齐后的模型如图 7-5(b)所示。

（2）基准对齐：选择"菜单"→"插入"→"对齐"→"基准对齐"或"初始"→"对齐"→"基准对齐"，弹出如图 7-6(a)所示的"基准对齐"对话框。在模型上选择如图 7-6(b)所示的三个相互垂直的面作为三个基准对。单击✓按钮，即完成基准对齐操作。

**步骤 3：进行"2D 比较"操作**

（1）进行"2D 比较"操作：选择"菜单"→"插入"→"比较"→"2D 比较"或"初始"→"比较"→"2D 比较"，弹出如图 7-7(a)所示的"2D 比较"对话框。与此同时模型管理器中的结果

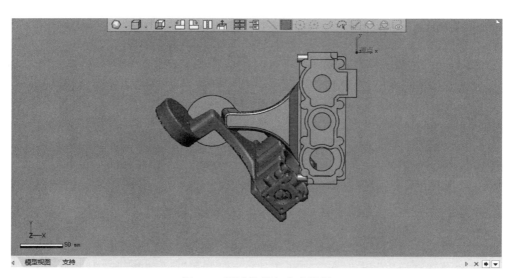

图 7-4　测试数据与参考数据

(a)　　　　　　　　　　　(b)

图 7-5　"初始对齐"操作

（a）"初始对齐"对话框；（b）初始对齐后

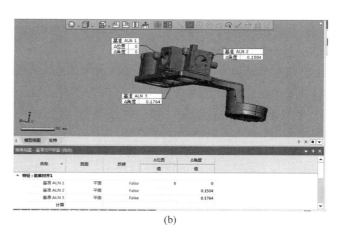

(a)　　　　　　　　　　　(b)

图 7-6　"基准对齐"操作

（a）"基准对齐"对话框；（b）基准对的选择

数据下拉列表的比较栏下会自动生成名为"2D 比较 1"的结果对象。图 7-7（a）、（b）和（c）分别是选择不同的"设置截面平面"方式时对话框的变化。

(a)　　　　　　　　　　　　(b)　　　　　　　　　　　　(c)

图 7-7　"2D 比较"对话框

（a）选择"偏移"时的对话框；（b）选择"回转"时的对话框；（c）选择"沿曲线"时的对话框

该对话框中除"设置截面平面"栏及图 7-8 所示的"局部坐标系"栏与 3D 分析不同外，其余栏的含义均相同，不再详细介绍。"设置截面平面"栏与"局部坐标系"栏中各项功能说明如下。

图 7-8　"局部坐标系"栏

① "设置截面平面"栏用于选择不同方式定义二维截面的位置，包括以下四种方式。

偏移：选择参考数据上的已有的平面或已构造好的平面作为基准平面，通过控制基准平面的偏移距离得到所需的二维截面平面。

回转：选择参考数据上的直线或曲线的中心线作为基准平面的回转轴线，选择与回转轴相平行的平面作为基准平面，同时可以通过控制基准平面旋转角度修改截面的位置。

沿曲线：在参考数据上选择某曲线路径上的一点作为原始位置，由该曲线路径与点的位置可以得到一个截面，该截面过原始位置且其法线方向为曲线在该点的切线方向，同时可以通过输入截面沿曲线的偏移距离得到所需的二维截面。

阶梯断面：在参考模型上选定几个平行的剖切平面获取所需的二维阶梯断面。

② "局部坐标系"栏主要用于建立局部坐标系原点和坐标轴方向，包括以下三种方式。

原点：通过手动选择空间上的一点作为局部坐标原点，该点可以是空间点、模拟 CMM 点、圆心等。

X 轴方向：通过手动选择参考数据上的边线、曲线、圆等确定 X 轴的方向，另外可以通过 ⟷ 反转 X 轴的方向。

反转视点方向：通过是否选择该项确定 Y 轴的方向。

（2）获取 2D 比较二维截面：如图 7-9（a）所示，选择"偏移"方法并选择图 7-9（a）已有的特征平面作为基准平面，"偏移距离"设定为 7 mm，单击"反转方向" ⟷ 将切断面的方向反转。选择"最短"投影方向，"最大偏差"设置为"自动"。单击 ➡，进入下一阶段，如图 7-9（b）所示。图 7-9(b)中对话框中除"显示选项"栏与"3D 比较"不同外,其余栏目的含义均相同,相同部分不再一一叙述。

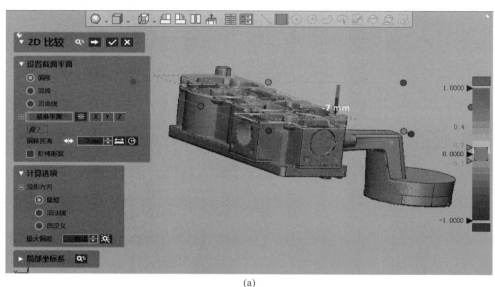

(a)

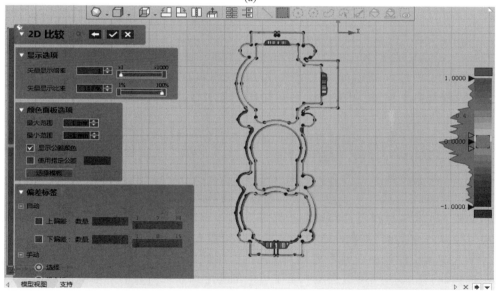

(b)

图 7-9    2D 比较
(a) 计算前;(b) 计算后

"显示选项"栏的功能说明:在二维截面图中通过矢量图的形式表达出测试数据相对于参考数据的偏差结果。通过矢量显示的倍率与矢量显示比率控制矢量图的放大倍数与矢量的采样数大小。

提示:在截取二维截面时需要注意所截取的平面是否为非流形断面,若选取的截面为非流形断面则模型管理器中对应的结果对象将带有警告标识。若出现非流形断面,则需要重新截取平面或将存在非流形边部分切除。

（3）创建"2D 比较"注释：保持图 7-9（b）对话框各选项的默认值，选择"偏差标签"栏"手动"项下的"选择"，在二维截面图中需要检测部位选择若干需添加注释的点，即可以查看特定位置的偏差值，如图 7-10 所示。最后单击 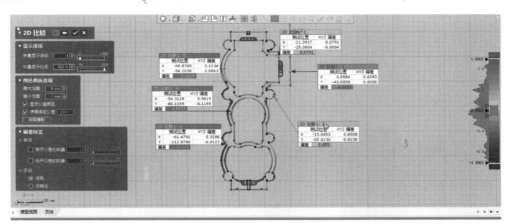 按钮，即完成所有"2D 比较"的操作。另外，可以通过模型视图上方的工具条中的 ⬚ 对二维截面进行视图的选择，使用 ⬚⬚ 旋转视图，使用 ⬚ 翻转视图。完成 2D 比较操作后在模型视图下方的表格视图中会将注释的详细信息一一列出，如图 7-10 所示。

(a)

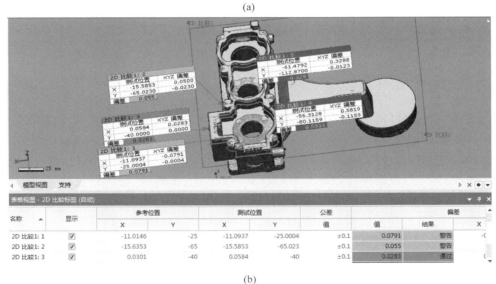

(b)

图 7-10　"2D 比较"结果

（a）添加"2D 比较"注释；（b）"2D 比较"注释

**提示**：若模型视图下方没有表格视图，可以右击模型视图上方的工具条，在弹出窗口中勾选表格视图，即可在模型视图下方看到表格视图。

从图 7-10（a）可以看到，注释标签的颜色并不是一样的，该颜色其实与对应点处的偏差结果有关。其中，绿色表示偏差值在 0.5 的公差范围内，结果表示为通过；黄色表示偏差值在 0.5~1 的公差范围内,结果表示为警告;红色表示偏差值超出公差范围,结果表示为失败;蓝色表示在该点处只能获取参考数据的值而无法获取测试数据的值,结果显示为无法获取数据。

右击图 7-10(a)所示的模型视图中的注释标签,可以看到图 7-11(a)所示的弹出窗口,单击"编辑注释样式",可以看到图 7-11(b)所示的"注释样式管理器"的窗口,选中"2D 比较标签"后单击"编辑预置",可以看到图 7-11(c)所示的"编辑注释预置"窗口,该窗口中的"注释实体"框和"所选实体"框下的选项是"2D 比较"注释可显示的所有内容项,可以根据需要通过 ▶◀ 将所需项添加至所选实体框中,也可以通过 ▲▼ 对所选项进行排序。通过 ⬚组 ⬚解除组 可以将所选实体框中几项内容进行组合或解除组合关系。另外,单击图 7-11(a)中的"预置"可更改标签显示的内容样式。在默认样式"Detailed"下,注释标签会显示出预置中所有内容。

(a)    (b)    (c)

图 7-11    编辑注释样式
(a)编辑注释样式;(b)注释样式管理器;(c)编辑注释预置

当完成"2D 比较"操作后,在"模型管理器"→"结果数据 1"→"分析"→"比较"下会生成一个"2D 比较 1"的结果对象,在"2D 比较 1"的下拉列表中记录着所有在截面 1 下的 2D 比较的注释标签。右击注释标签会出现图 7-12(a)所示的弹窗,通过弹窗可以选择显示不同类型的结果注释,也可以删除或隐藏结果。如图 7-12(a)、(b)所示,将"2D 比较 1:5"进行删除后,结果对象中的后续的序号会自动进行调整。

单击图 7-12(b)所示的模型管理器中的"2D 比较 1",在模型管理器的下方会出现"2D 比较"结果的浏览图,该图将会以视图的形式出现在检测报告中。若该视图不能将结果表达清楚,可以通过 🖼 "更新视图"对视图进行编辑,编辑完成后单击 🖼 "应用视图"即可得到新的视图,如图 7-13 所示。单击模型视图中的"2D 比较 1"后的 👁 ,可将"2D 比较 1"中的所有注释进行隐藏。

**步骤 4:2D GD&T 操作**

(1) 获取 2D 尺寸的相交断面:单击"菜单"→"插入"→"断截面"🔲或"尺寸"→"设置"→"2D GD&T"→"添加截面"➕截取相交断面,会弹出如图 7-14(a)所示的"相交断面"对话框,对话框中的各项功能与"2D 比较"相同,不再一一叙述。选择"回转"作为截面方式并在模型中选择已有的特征孔的轴线作为回转轴,选择与回转轴平行的平面作为基准平面。单击 ☑ 按钮,即完成相交断面的截取,模型视图窗口中的断面图如图 7-14(b)所示。

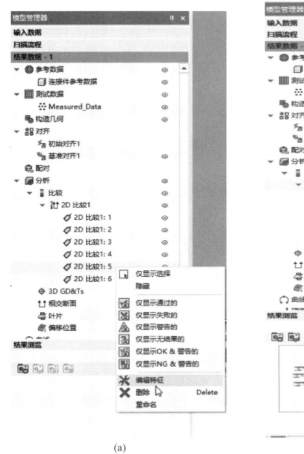
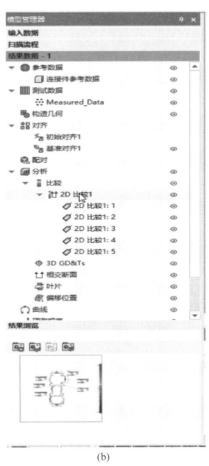

(a)　　　　　　　　　　　　(b)

图 7-12　"2D 比较"注释弹窗
(a) 删除前；(b) 删除后

**提示**：在截取相交断面时需要注意所截取的平面是否为非流形断面，若出现非流形断面，则需要重新截取平面或将存在非流形边部分切除。

（2）创建智能尺寸注释：选择"尺寸"→"几何尺寸"→"智能尺寸"或"菜单"→"工具"→"断面工具"→ 🏛 "智能尺寸"命令，弹出如图 7-15（a）所示的"智能尺寸"对话框。激活对话框中的"对象"项，再在断面图选择一断面边线测量长度，选定注释放置位置，将对话框中的"公差"设置为±0.1 mm。单击 ✅ 按钮，完成长度尺寸的注释，其结果如图 7-15（b）所示。其中"2D GD&T"注释标签的颜色与"2D 比较"相同，不再一一叙述。另外，该注释的详细信息可以在模型视图下的表格视图中查看，如图 7-15（b）所示。

该断面边线对应于三维立体模型的侧面孔的深度，这也说明了 2D 尺寸与 3D 尺寸的不同，3D 尺寸不能对零部件内部结构表达全面，而 2D 尺寸可以作为补充。

图 7-15 的"智能尺寸"对话框中各项的功能说明如下。

① 类型：指软件自动判断所选择的对象的类型，显示为线形或回转体。

② 对象：使用者自主选定需要测量的对象，该对象只能是参考数据上的断面边。

③ 公差：设置所测量对象的上下偏差，用户可以按实际要求自行设定该公差的上下偏

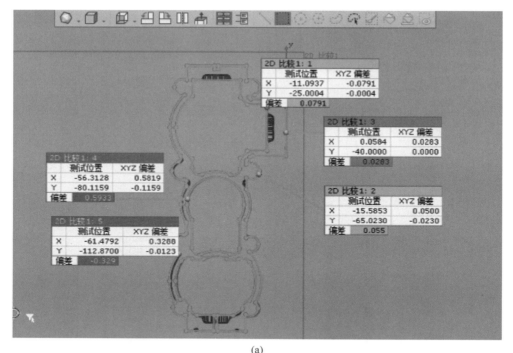

(a)

(b)

图 7-13　更新"2D 比较"视图

（a）更新视图前；（b）更新视图后

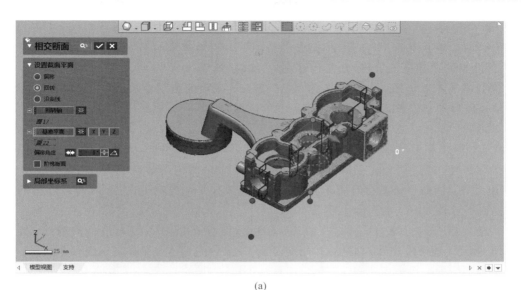

(a)

(b)

图 7-14　2D GD&T
(a)"相交断面"对话框；(b)"相交断面"断面图

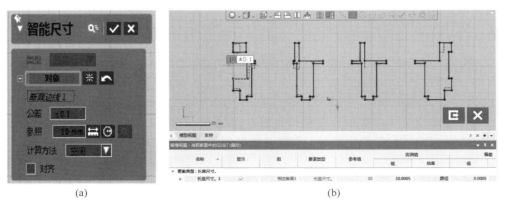

(a)　　　　　　　　　　　　(b)

图 7-15　添加"智能尺寸"注释
(a)"智能尺寸"对话框；(b)"智能尺寸"注释

差值。

④ 参照：默认条件下"参照"值是参考截面下所测量对象的尺寸，也可允许人为设置该值，用于测量测试数据的大小，在注释标注中"参照"值表达为基本尺寸。

⑤ 计算方法：选择一种预定义的拟合方法，从成对的测量点中找到成对的几何图形，并测量几何尺寸和公差，其主要包括以下三种计算方法。

空间：沿着利用最小二乘拟合法得到的几何形状的法向方向，找到最近的成对测量点。

材质：沿着利用最小二乘拟合法得到的几何形状的法向方向，找到最远的成对测量点。

作为参考：通过拟合法在目标线或点中寻找配对的几何图形。

⑥ 对齐：该命令被激活时用于测量已选定对象在某个方向上的尺寸，即可以指定测量沿轴线或不沿轴线方向的尺寸大小。

单击图 7-15(b)中右下角的"保存"图标 **E**，保存在相交断面上进行的操作，结果如图 7-16 所示。选择模型管理器中的"相交断面 1" 后的 ，对保存结果进行隐藏。

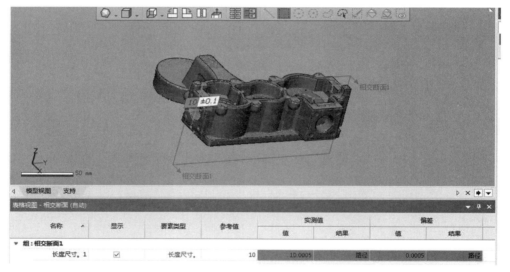

图 7-16　相交断面 1 的操作结果

（3）获取 2D 尺寸的相交断面 2：选择"菜单"→"插入"→"断截面" 或"尺寸"→"设置"→"2D GD&T"→"添加截面" **+** 截取断面，会弹出如图 7-17(a)所示的"相交断面"对话框，选择截取平面的方式为"偏移"，并在模型上选择一平面作为基准平面。在"偏移距离"的输入框内输入 4 mm。单击"反转方向" 反转切断面的方向，单击 按钮，得到如图 7-17(b)所示的断面图 2。单击视图模型右下角的"保存"图标 **E**，对断面图 2 进行保存。此时在模型管理器中可以看到有两个相交断面，如图 7-17(c)所示。

（4）选择 2D GD&T 相交断面：直接选择模型管理器中的相交断面 2 进行操作。

**注**：除了通过模型管理器选择相交断面，也可以通过选择"菜单"→"插入"→"断截面" 或"尺寸"→"设置"→"2D GD&T"→"相交断面"，如图 7-18 所示，可以在组列表框中选择其中一个，然后直接编辑。

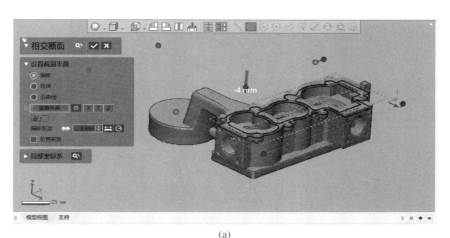

(a)

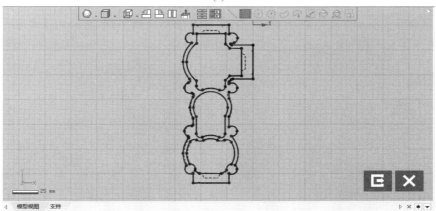

(b)

(c)

图 7-17　获取相交断面 2

（a）截取相交断面 2；（b）相交断面 2；（c）模型管理器

图 7-18　选择已有的相交断面

（5）创建长度尺寸：选择"尺寸"→"尺寸"→"长度尺寸"▭ 或"菜单"→"工具"→"断面工具"→"长度尺寸"▭ 命令,弹出如图 7-19(a)所示"长度尺寸"对话框,选择"方法"栏下的"个别指定",激活"对象"栏并选择上下两个断面边线,将注释放置在合适位置上。在对话框中的"公差"中输入±0.5 mm,单击 ✓ 按钮,完成长度尺寸的注释,该操作结果如图 7-19(b)所示。

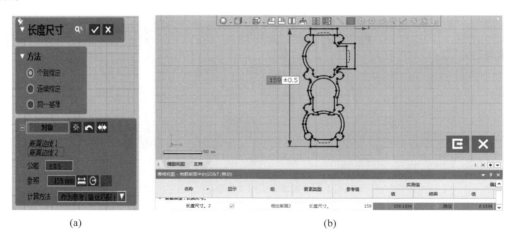

(a)　　　　　　　　　　　(b)

图 7-19　添加"长度尺寸"注释

(a) "长度尺寸"对话框; (b) "长度尺寸"注释

（6）创建圆度尺寸：选择"尺寸"→"几何尺寸"→"圆度"◯ 或"菜单"→"工具"→"断面工具"→"圆度"◯ 命令,弹出如图 7-20(a)所示"圆度"对话框。激活对话框中的"对象"栏,选择一个断面边线作目标,选定注释放置位置,将对话框中的"公差"设置为 0.2 mm,单击 ✓ 按钮,完成圆度的注释,如图 7-20 所示。

（7）单击图 7-20(b)中右下角的 ⊡ 按钮,保存在该相交断面上进行的操作,单击模型管理器中的"相交断面 1"↥与"2D 比较 1"↥后的 ◉ ,显示操作结果,结果如图 7-21 所示。选择"菜单"→"文件"→"另存为…",保存结果数据,并将文件命名为"连接件.CXProj"。

## 7.3.2　2D GD&T 应用实例

目标：在实例中使用主要的 2D GD&T 命令,以熟悉 2D GD&T 中常用的基本命令和操作。本实例的主要流程是：获取 2D 尺寸的相交断面、创建 2D 尺寸和形位公差注释。

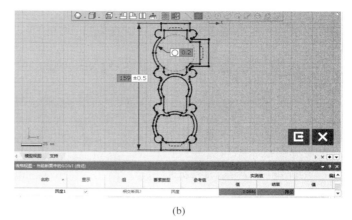

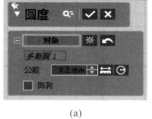

(a)　　　　　　　　　　　　　　(b)

图 7-20　添加"圆度"注释

(a)"圆度"对话框；(b)"圆度"注释

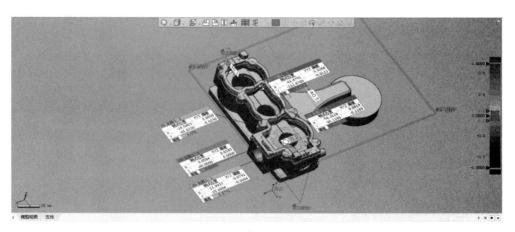

图 7-21　实例1的操作结果

本实例需要运用的主要命令有：

（1）"菜单"→"文件"→"导入"或"初始"→"导入"；

（2）"菜单"→"插入"→"初始对齐" ⚡ 或"初始"→"对齐"→"初始对齐" ⚡ ；

（3）"菜单"→"插入"→"断截面" ⬆ 或"尺寸"→"设置"→"2D GD&T"→"添加截面" ＋；

（4）"尺寸"→"几何公差"→"基准" 🅰 或"菜单"→"工具"→"GD&T 工具"→"基准" 🅰 ；

（5）"尺寸"→"几何尺寸"→"智能尺寸" 📐 或"菜单"→"工具"→"断面工具"→"智能尺寸" 📐 ；

（6）"尺寸"→"几何尺寸"→"长度尺寸" ▭ 或"菜单"→"工具"→"断面工具"→"长度尺寸" ▭ ；

（7）"尺寸"→"几何公差"→"位置度" ⊕ 或"菜单"→"工具"→"GD&T 工具"→"位置度" ⊕ ；

（8）"尺寸"→"构造几何"→"点" ⦂• 或"菜单"→"插入"→"构造几何"→"点" ⦂• ；

（9）"尺寸"→"构造几何"→"线" ╱ 或"菜单"→"插入"→"构造几何"→"线" ╱；

（10）"尺寸"→"几何公差"→"对称度" ≡ 或"菜单"→"工具"→"GD&T 工具"→"对称度" ≡；

（11）"尺寸"→"几何公差"→"平行度" ╱╱ 或"菜单"→"工具"→"GD&T 工具"→"平行度" ╱╱。

本实例的主要步骤为：

（1）导入测试数据与参考数据；

（2）对齐测试数据与参考数据；

（3）获取 2D GD&T 的相交断面；

（4）创建 2D GD&T 的注释。

**步骤 1：导入测试数据与参考数据**

激活模型管理器中的结果数据标签，再选择"菜单"→"文件"→"导入"或"初始"→"导入"，选择配套文件中第 7 章数据模型文件夹下的"机械零件测试数据.CXProj"与"机械零件参考数据.CXProj"，单击"仅导入"，在"模型视图"窗口即可看到如图 7-22 所示的测试数据与参考数据。

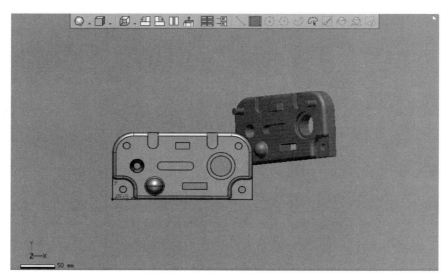

图 7-22　测试数据与参考数据

**步骤 2：对齐测试数据与参考数据**

选择"菜单"→"插入"→"初始对齐" ⚡ 或"初始"→"对齐"→"初始对齐" ⚡，弹出"初始对齐"对话框，保持"利用特征识别提高对齐精度"默认选项，单击 ✓ 按钮，完成"初始对齐"操作。初始对齐后的模型如图 7-23 所示。

**步骤 3：获取 2D GD&T 相交断面**

单击"菜单"→"插入"→"断截面" ⬚ 或"尺寸"→"设置"→"2D GD&T"→"添加截面" ＋ 截取断面。弹出图 7-24（a）所示的"相交断面"对话框，选择"偏移"截面方式，并在模型上选择以表面作为基准平面。选择"偏移距离"为 10 mm，单击"反转方向" ⬌，反转切断面的方向，单击 ✓ 按钮，完成相交断面的截取，"模型视图"窗口中的断面图如图 7-24（b）所示。

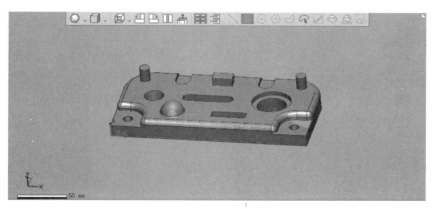

图 7-23 初始对齐后的模型

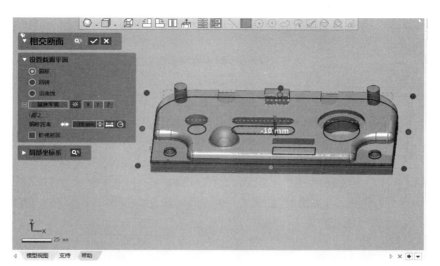

(a)

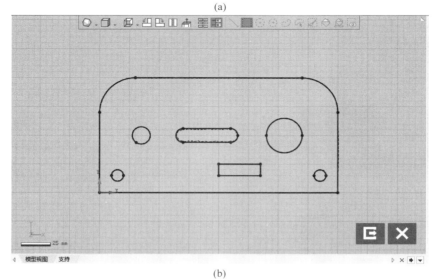

(b)

图 7-24 2D GD&T

（a）选择基准平面；（b）相交断面视图

**步骤 4：创建 2D GD&T 的注释**

（1）添加"位置度"注释

① 创建基准 A、B：选择"尺寸"→"几何公差"→"基准" 或"菜单"→"工具"→"GD&T 工具"→"基准" 命令，弹出图 7-25 所示的"基准"对话框。选择两垂直边线为所创建基准的对象，单击 按钮，即完成创建基准。在图 7-25 所示的模型视图下方的表格视图中可以看到基准 A、基准 B 的基本信息。

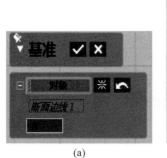

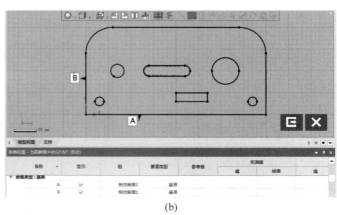

(a)　　　　　　　　(b)

图 7-25　建立基准

（a）"基准"对话框；（b）"基准"注释

② 创建尺寸注释：选择"尺寸"→"几何尺寸"→"智能尺寸" 或"菜单"→"工具"→"断面工具"→"智能尺寸" 命令，弹出"智能尺寸"对话框。选择定位圆，设置"公差"为±0.1 mm，如图 7-26 所示，最后单击 按钮，即完成尺寸的标注。在图 7-26 所示的模型视图下方的表格视图中可以看到该尺寸的详细信息，同时也可以通过注释的颜色判断其是否符合约束。

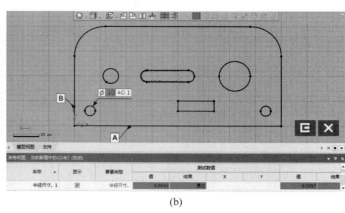

(a)　　　　　　　　(b)

图 7-26　添加智能尺寸

（a）"智能尺寸"对话框；（b）"智能尺寸"注释

③ 创建"位置度"注释：选择"尺寸"→"几何公差"→"位置度" 或"菜单"→"工具"→"GD&T 工具"→"位置度" 命令，弹出"位置度"对话框。选择定位圆作为对象，"公差"为 0.1 mm，在"使用基准参照框架"栏中，在"基准计算方法"项的下拉列表中选择"空间"，在

"基准"项下选择已创建的基准 A 与基准 B,选中"实体状态"栏,单击 ⊕ 按钮完成"位置度"的注释,如图 7-27 所示。

(a)

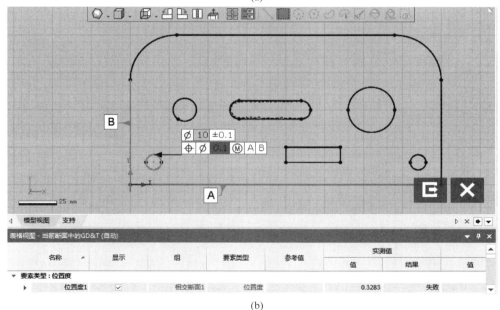

(b)

图 7-27 添加"位置度"注释

(a)"位置度"对话框;(b)"位置度"注释

(2) 建立"对称度"注释

① 构造点:"尺寸"→"构造几何"→"点" 或"菜单"→"插入"→"构造几何"→"点" 命令,弹出如图 7-28(a)所示的"添加点"对话框,在"要素"栏下的"方法"项中选择下拉列表中的"检索圆的中心"选项,选中圆头槽上的圆弧,构造出点 1、点 2。单击 ☑ 按钮,完成点的

构造,如图 7-28 所示。

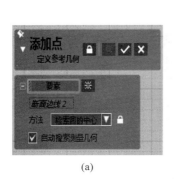
(a)

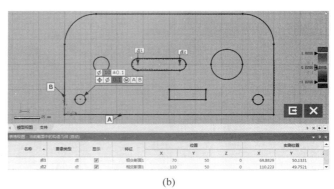
(b)

图 7-28  构造点
(a)"添加点"对话框;(b)"点"注释

② 构造线:选择"尺寸"→"构造几何"→"线" ╱ 或"菜单"→"插入"→"构造几何"→"线" ╱ 命令,弹出如图 7-29(a)所示的"添加线"对话框。在"要素"栏下的"方法"项中选择下拉列表中的"选择多个点"选项。选中点 1、点 2,单击 ✔ 按钮,完成线的构造,如图 7-29(b)所示。

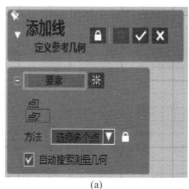
(a)

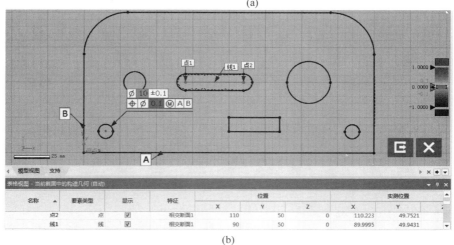
(b)

图 7-29  构造线
(a)"添加线"对话框;(b)"线"注释

③ 创建基准 C：选择"尺寸"→"几何公差"→"基准"⚞或"菜单"→"工具"→"GD&T 工具"→"基准"⚞命令，弹出"基准"对话框，选中线 1，创建基准 C，单击 ✔ 按钮，即完成基准的创建，如图 7-30 所示。

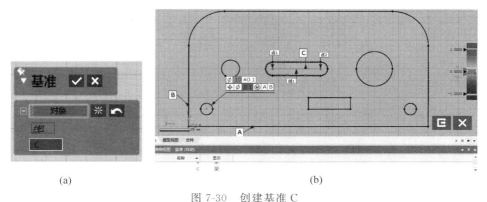

图 7-30　创建基准 C

(a)"基准"对话框；(b)"基准"注释

④ 选择"尺寸"→"几何公差"→"对称度"☰或"菜单"→"工具"→"GD&T 工具"→"对称度"☰命令，弹出如图 7-31(a)所示的"对称度"对话框。选择圆头槽的两直线边作为对象，"公差"为 0.2 mm，选择基准 C。单击 ✔ 按钮，完成对称度的注释，如图 7-31(b)所示。

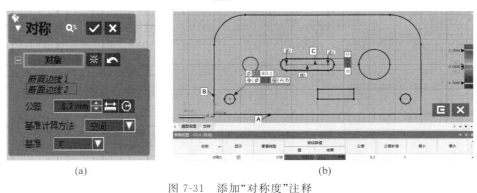

图 7-31　添加"对称度"注释

(a)"对称度"对话框；(b)"对称度"注释

(3) 建立尺寸长度和"平行度"注释

① 选择"尺寸"→"几何尺寸"→"长度尺寸"▭或"菜单"→"工具"→"断面工具"→"长度尺寸"▭命令，弹出如图 7-32(a)所示的"长度尺寸"对话框。激活对话框中的"对象"栏，再在断面图中选择两个断面边线测量长度，选定注释放置位置，将对话框中的"公差"设置为 ±0.5 mm，单击 ✔ 按钮，完成长度尺寸的注释，如图 7-32(b)所示。

② 选择"尺寸"→"几何公差"→"平行度"╱或"菜单"→"工具"→"GD&T 工具"→"平行度"╱命令，弹出如图 7-33(a)所示的"平行度"对话框。选择上侧断面边作为对象，"公差"为 0.3 mm，选择基准 A。单击 ✔ 按钮，完成平行度的注释，如图 7-33(b)所示。

单击视图模型右下角的"保存"图标⚞，对视图进行保存。保存后的结果如图 7-34 所示。最后选择软件中的"菜单"→"文件"→"另存为…"，保存结果数据，并将文件命名为"机械零件.CXProj"。

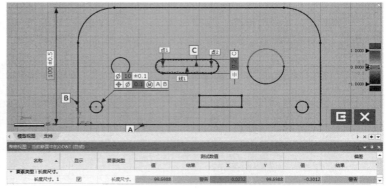

(a)                                (b)

图 7-32　添加长度尺寸

（a）"长度尺寸"对话框；（b）"长度尺寸"注释

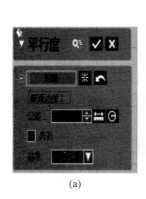

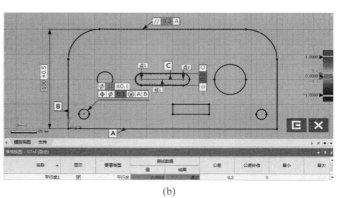

(a)                                (b)

图 7-33　添加"平行度"注释

（a）"平行度"对话框；（b）"平行度"注释

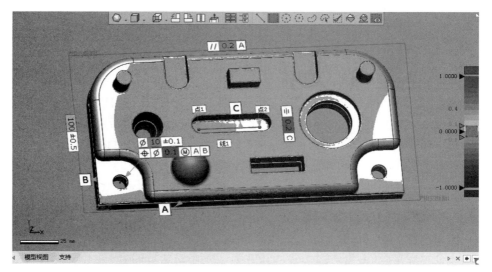

图 7-34　保存"2D GD&T"结果

# 第8章

# Geomagic Control X报告生成与输出

## 8.1 Geomagic Control X 生成报告概述

利用 Geomagic Control X 生成报告的重要性在于：首先,对于会使用 Geomagic Control X 软件的设计人员、检测人员及分析人员而言,可以很便捷、直观地将前面导入的模型、对齐的结果、比较分析的误差及构造的几何特征等以报告的形式进行归纳汇总；其次,对于从事制造业、但不会使用 Geomagic Control X 软件进行三维检测的人员来说,因该软件输出的报告可以以文档的形式呈现,其输出的结果很容易被相关工作者理解,也可通过进一步对输出结果进行分析,完成检测结果的评估。

Geomagic Control X 生成报告实质是对前面所进行的检测步骤的汇总,其结果可以以文档的形式输出,检测报告中主要包含导入模型、对齐模型、比较结果、构造几何等。生成的报告支持在 Geomagic Control X 中以 PPT 形式播放,也可保存成 PowerPoint、Excel、PDF 及文本文档来进行输出；相比于之前的 Geomagic Qualify 软件版本而言,其操作过程更加人性化,输出形式更具有多样性。Geomagic Control X 生成报告的主要内容参见图 8-1,在软件中对应的表现形式参见图 8-2。

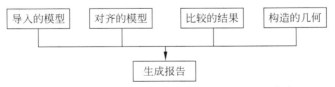

图 8-1　Geomagic Control X 生成报告的主要内容

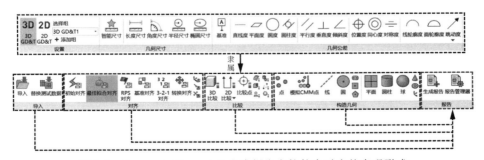

图 8-2　Geomagic Control X 生成报告在软件中对应的表现形式

## 8.2　Geomagic Control X 报告生成与输出功能说明

### 8.2.1　创建报告简要流程

第一次对检测的模型生成报告,需要先单击"生成报告"按钮,创建生成报告的各种方式参见表 8-1,可根据自己的喜好选取创建方式。

表 8-1　创建生成报告的方式

| 方　式 | 软件中实现形式 |
|---|---|
| "菜单"选项卡 | |
| "初始"选项卡 | |
| "比较"选项卡 | |
| "尺寸"选项卡 | |
| "工具"选项卡 | |

此外,对检测模型第一次生成的报告要进行相关设定,如"报告模板""源实体""所选实体""检测产品信息"等。生成报告过程的相关设置过程参见图 8-3。软件提供了四种模板

样式："A4_Landscape""A4_Portrait""Letter_Landscape""Letter_ Portrait",用户可根据个人需要进行选择。"源实体"是指用户所选取的那些用于生成报告的模型树中的对象。可根据当前所要检测内容的需要进行相应的选取,其主要包含参考对象(CAD 数模)、测试对象(扫描数据)、提取的几何特征、对齐(初始对齐、最佳拟合对齐、RPS 对齐、基准对齐及 3-2-1 对齐等)、分析(3D 比较、3D GD&T、2D 比较、2D GD&T、比较点等)、自定义视图等。"所选实体"是用户选定的待生成报告的内容,在其中可通过"上下"按钮对生成报告内容顺序进行调整;在"源实体"和"所选实体"之间,对生成报告所选的内容通过设置可实现加载与删除。"检测产品信息"显示检测产品的名称、零件编号、检测部门及检测人员等。将这些设定好后就可以单击"生成"按钮。需要注意的是,第一次设定检测模型时,系统默认会在"所选实体"中加载"源实体"中所有内容。

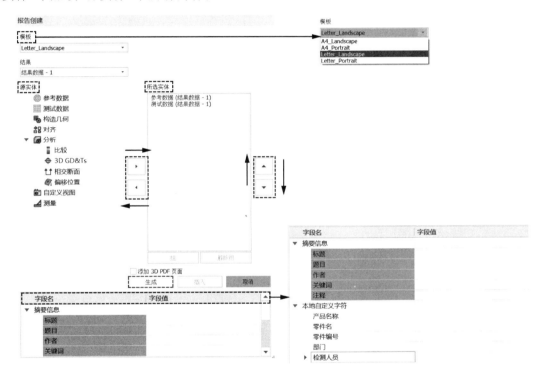

图 8-3　生成报告过程的相关设置过程

当单击"生成报告"后就进入了"报告"模块部分,其主要选项卡有"默认"选项卡、"文件"选项卡、"插入"选项卡及"视图"选项卡,下面对各选项相应功能按钮进行介绍。

## 8.2.2　"默认"选项卡

"默认"选项卡是在生成报告中经常用到的一些功能命令集合,与后面其他三个选项卡有一些交叉重复命令。"默认"选项卡参见图 8-4。

其中的"生成""文件""模式""剪贴板""撤销/恢复""插入""字体""配置""更新"各功能按钮简要介绍参见表 8-2。

图 8-4　"默认"选项卡

**表 8-2　"默认"选项卡各功能按钮简介**

| 组 | 命　令 | 功　能　介　绍 |
|---|---|---|
| 生成 |  生成报告 | 创建一个新的报告,跟初始第一次创建报告的流程一样,在报告区最下方任务栏可查看追加的报告 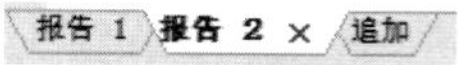 报告 1　报告 2 × 追加 |
| 文件 |  新建 | 新建一个报告,一键生成,创建的是空白内容,可复制前面的生成报告内容,再将其粘贴进来,在报告区下方任务栏也可查看 |
| 文件 |  PDF PowerPoint Excel | 报告以 PDF、PowerPoint、Excel 格式输出、保存,建议保存成 PDF 文件,以防输出失真 |
| 模式 | 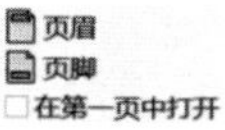 页眉 页脚 在第一页中打开 | 该部分是对生成报告的布局、页眉、页脚等进行全局调整 |
| 剪贴板 |  粘贴 | 该部分是实现对报告内容的复制、粘贴、剪切等操作 |
| 撤销/恢复 |  撤消　恢复 | 对报告进行修改过程中的一些误操作进行撤销、恢复 |
| 插入 | 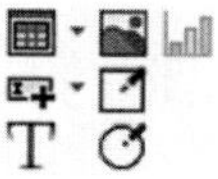 T | 对生成报告进行局部修改,如插入表格、图片、文字、注释等 |
| 字体 |  Tahoma　10 X X X X | 对生成报告中的字体进行局部修改,如字体、字号、字体倾斜、字体颜色设置等操作 |
| 配置 | 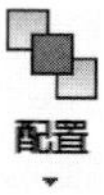 配置 | 表格的一些处理工作,如表格的排列形式、合并等 |
| 更新 |  再创建 | 对报告内容局部修改后的更新操作 |

## 8.2.3　"文件"选项卡

"文件"选项卡是对生成报告进行文件层面的一些操作，"文件"选项卡参见图 8-5。

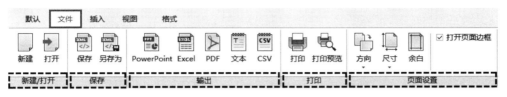

图 8-5　"文件"选项卡

其中的"新建/打开""保存""输出""打印""页面设置"各功能按钮简要介绍参见表 8-3。

表 8-3　"文件"选项卡各功能按钮简介

| 组 | 命　　令 | 主　要　功　能 |
|---|---|---|
| 新建/打开 | 新建　打开 | 新建空白报告及打开之前保存输出的报告，默认的打开方式是网页格式 |
| 保存 | 保存　另存为 | 报告保存工作或另存为网页格式输出 |
| 输出 | PowerPoint　Excel　PDF　文本　CSV | 与前面"默认"选项卡"保存"类似，这里增加了输出文本、CSV 的功能 |
| 打印 | 打印　打印预览 | 对生成报告可直接连接打印机打印，打印前可先进行打印预览 |
| 页面设置 | 方向　尺寸　余白 | 对生成的报告进行纸张方向、纸张尺寸大小及页边距的设置 |
| | ☑ 打开页面边框 | 对生成报告封面以外的内容添加上边框，可根据需要选择 |

## 8.2.4　"插入"选项卡

"插入"选项卡是对生成的报告进行局部修改工作，可插入图、表等相应的功能，"插入"选项卡参见图 8-6。

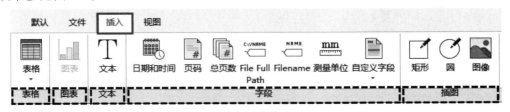

图 8-6　"插入"选项卡

其中的"表格""图表""文本""字段""插图"各功能按钮简要介绍参见表 8-4。

表 8-4　"插入"选项卡各功能按钮简介

| 组 | 命　令 | 主 要 功 能 |
|---|---|---|
| 表格 | 表格 | 对生成的报告可进行插入表格操作 |
| 图表 | 图表 | 对偏差数据可进行生成直方图等操作,使得结果一目了然 |
| 文本 | T 文本 | 执行文本的添加功能 |
| 字段 | 日期和时间　页码　总页数　File Full Path　Filename　测量单位　自定义字段 | 在生成报告中插入系统日期和时间、页码、总页数、报告保存的路径、报告的名称、单位及自己定义的相关字段 |
| 插图 | 矩形　圆　图像 | 可插入矩形、圆形文本注释框,也可插入所选择的图像 |

## 8.2.5　"视图"选项卡

"视图"选项卡是对生成的报告进行显示方式的操作,可实现在 Geomagic Control X 软件中进行 PPT 形式放映、页面大小等显示方式调整,"视图"选项卡参见图 8-7。

图 8-7　"视图"选项卡

其中的"幻灯片放映""显示/隐藏""缩放""背景"各功能按钮简要介绍参见表 8-5。

表 8-5　"视图"选项卡各功能按钮简介

| 组 | 名　称 | 主 要 功 能 |
|---|---|---|
| 幻灯片放映 | 幻灯片放映 | 该功能实现生成报告在 Geomagic Control X 中以 PPT 形式播放 |
| 显示/隐藏 | ☑栅格　☑显示页眉页脚　☑页面线　☐轮廓 | 对页面格式进行显示或隐藏的操作。格栅:类似于信纸形式显示;页面线:页面与页面的分割位置,可不留空隙连续显示;轮廓:可根据需要设置边框的显示;显示页眉页脚:可根据需要设置页眉页脚的显示 |

续表

| 组 | 名　　　称 | 主 要 功 能 |
|---|---|---|
| 缩放 | 缩放 页面匹配 — —●— + | 对页面进行适合的显示大小的调整 |
| 背景 | 颜色 | 该功能可进行生成报告背景色的调整,打印报告时可将其设置为白底色 |

## 8.3　Geomagic Control X 检测案例

**目标**：对软件安装包自带的"叶片"模型执行一遍 Geomagic Control X 检测流程,重点介绍标注样式调整,为后续的报告生成提供检测案例。

### 8.3.1　模型导入

选择"初始"→"导入",找到配套文件第 8 章数据模型目录下的"叶片检测源文件"文件夹,选中其中的 CAD 数模 Reference_Data、扫描数据 Measured_Data(或者在软件安装目录如 X 盘\Program Files\3D Systems\Geomagic Control X 2020.0\Sample 文件夹下的"Advanced\Blade_Inspection"),框选并单击"仅导入"。软件自带检测模型库目录参见图 8-8,叶片模型导入流程参见图 8-9。

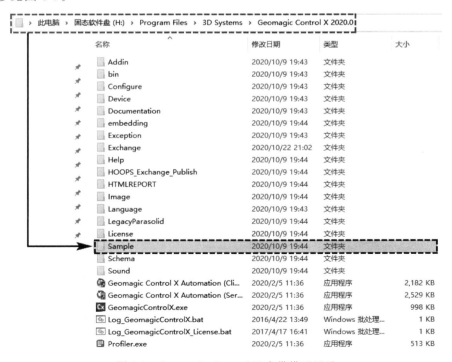

图 8-8　Geomagic Control X 自带模型目录

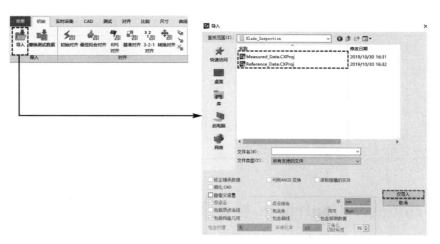

图 8-9　叶片模型导入流程

## 8.3.2　模型对齐

对叶片检测模型先进行初始对齐,再进行最佳拟合对齐。初始对齐过程参见图 8-10,最佳拟合对齐过程参见图 8-11。

(a)　　　　　　　　　　(b)　　　　　　　　　　(c)

图 8-10　叶片初始对齐过程

(a)初始对齐前模型;(b)"初始对齐"设置;(c)初始对齐后结果

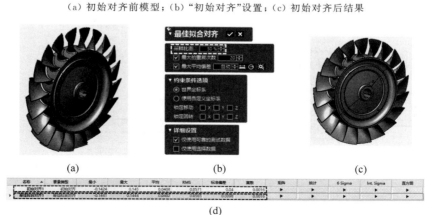

(a)　　　　　　　　　　(b)　　　　　　　　　　(c)

(d)

图 8-11　叶片最佳拟合对齐过程

(a)最佳拟合对齐前模型;(b)"最佳拟合对齐"设置;(c)最佳拟合对齐后结果;(d)最佳拟合对齐前与对齐后数据对比

### 8.3.3　模型比较分析

对叶片检测对齐后进行偏差分析,本次案例演示依次进行了 3D 比较、3D 局部比较、比较点分析、2D 比较、3D GD&T、2D GD&T 等操作,其结果见图 8-12～图 8-17。

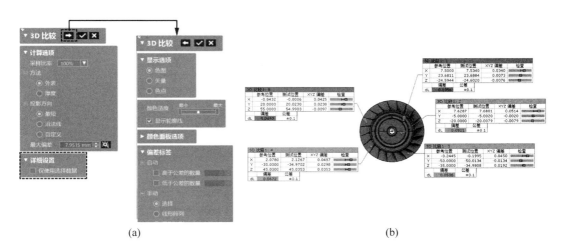

(a)　　　　　　　　　　　　　　　　　　　(b)

图 8-12　叶片 3D 比较
（a）"3D 比较"设置；（b）"3D 比较"结果

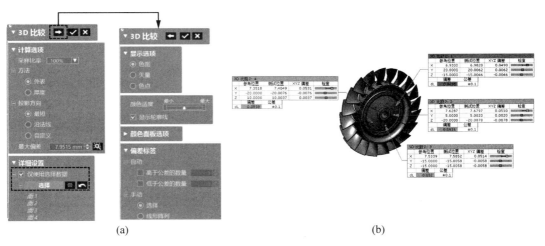

(a)　　　　　　　　　　　　　　　　　　　(b)

图 8-13　叶片 3D 局部比较
（a）"3D 局部比较"设置；（b）"3D 局部比较"结果

需要说明的是,对于一个模型不同视图方向的公差分析,可以通过创建组来实现。创建组以后,可以在同一组内根据需要的视图方向来显示检测结果,生成报告的结果也会同步更新。

### 8.3.4　构造几何

构造几何是用来构造扫描数据的一些基本特征,构造的几何特征可做分析基准,也可在对齐中做参考使用。叶片构造的平面及圆柱面参见图 8-18。

(a)                                                          (b)

图 8-14　叶片比较点分析

（a）"比较点"设置；（b）"比较点"结果

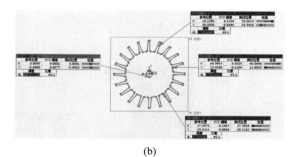

(a)                                                          (b)

图 8-15　叶片 2D 比较

（a）"2D 比较"设置；（b）"2D 比较"结果

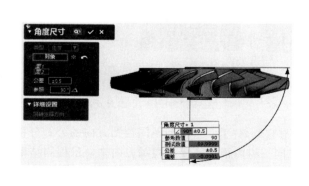

(a)                                                          (b)

图 8-16　叶片 3D GD&T 分析

（a）"长度尺寸"分析结果；（b）"角度尺寸"分析结果；（c）"平面度"分析结果；（d）"平行度"分析结果；
（e）"对称度"分析结果；（f）"面轮廓度"分析结果

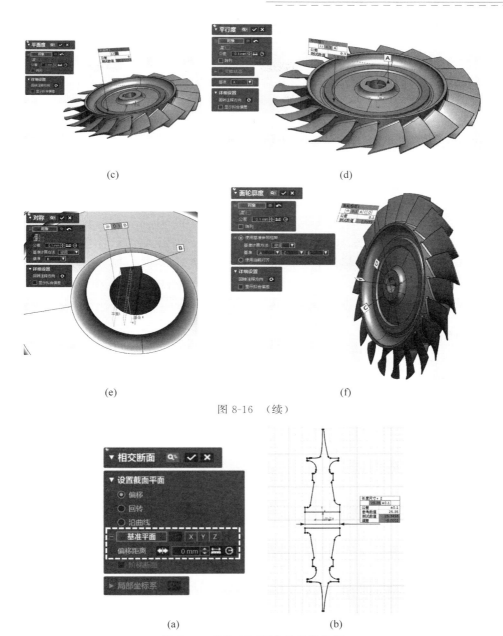

(c)

(d)

(e)

(f)

图 8-16 （续）

(a)

(b)

图 8-17 叶片 2D GD&T 长度分析

（a）"2D GD&T"长度分析设置；（b）"2D GD&T"长度分析结果

(a)

(b)

图 8-18 叶片构造几何

（a）"平面"构造几何；（b）"圆柱"构造几何

### 8.3.5　标注样式的修改

前面的分析流程所进行的偏差分析数据注释可能会造成部分标注重合,致使视图的排列也比较随意,因此应进行必要的注释样式调整,这样才能生成视图清晰、分析数据完整、美观的检测报告。

需要说明的是,本教材对前面导入、对齐、比较、构造几何完成后的模型进行了保存,读者在学习生成报告的过程中,可根据前面的流程一步步完成对源模型分析的操作,也可根据教材提供的已完成前面步骤的模型开始学习。

**1. 调整标注样式**

单击模型管理器"3D 比较 1"中的显示标注样式,参见图 8-19。软件提供了两种标注排列方式:"自动"(软件自动将标注的样式排列,不能拖动调整)、"捕捉"(手动拖拽调整标注样式),两种标注排列参见图 8-20。在这里使用"捕捉"来调整到合适位置,调整前后的标注对比参见图 8-21。

图 8-19　显示标注

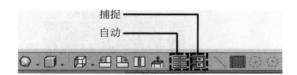

图 8-20　两种标注排列

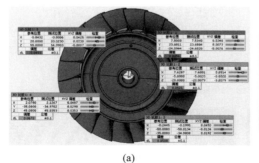

(a)

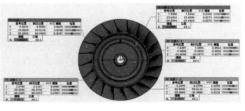

(b)

图 8-21　调整前后标注样式对比

(a) 调整前;(b) 调整后

**2. 标注样式的两种显示方式**

Geomagic Control X 提供了 Basic、Default、Simple、Detailed、XY、YZ、ZX 等多种标注信息显示方式，具体的比较参见表 8-6。

表 8-6　标注信息比较

| 名　　称 | 解　　释 | 软件中展示 |
|---|---|---|
| Basic | 显示比较偏差 | 偏差　0.0493 |
| Default | 显示名称与偏差 | 3D 比较1：5　偏差　0.0493 |
| Simple | 只显示偏差数值 | 0.0493 |
| Detailed | 显示多细节信息 | 3D 比较1：5（参考位置/测试位置/XYZ 偏差/检查）X -0.8432 -0.8006 0.0425；Y 20.0000 20.0230 0.0230；Z 55.0000 54.9903 -0.0097；dL 偏差 0.0493 公差 ±0.1 |
| XY/YZ/ZX | 显示 X、Y 或 Z 轴上的偏差信息 | 3D 比较1：5　公差 ±0.1　XYZ 偏差：X 0.0425；Y 0.0230；Z -0.0097；偏差 0.0493 |

对"3D 比较 1"里面的一个结果进行设置，在模型管理器中选择"3D 比较 1"→右击"3D 比较 1：5"→"预置"，可进行标注样式切换。操作过程参见图 8-22。

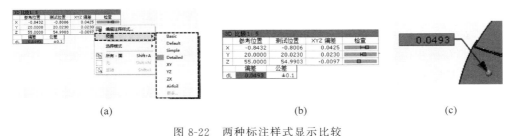

(a)　　　　　　　　　　(b)　　　　　　　　　(c)

图 8-22　两种标注样式显示比较
(a) 标注样式切换过程；(b) Default 显示；(c) Simple 显示

**3. 标注信息添加**

在一些分析工况下，用户可能需要更多的分析信息，而软件默认的标注显示不足以提供这些分析信息，用户就可以自行添加标注信息。在模型管理器中选择"3D 比较 1"→右击"3D 比较 1：5"→"编辑注释样式"。添加公差标注信息过程参见图 8-23。

将上述完成检测的模型保存到第 8 章"叶片处理模型"文件夹下，并命名为"叶片检测（已完成）"。

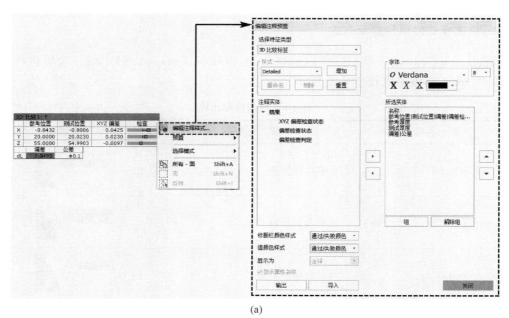

图 8-23　添加公差标注信息

（a）公差标注添加过程；（b）未添加前；（c）添加后

# 8.4　Geomagic Control X 报告生成与输出案例

本节对叶片产品的检测结果进行报告生成，目的是了解和熟悉 Geomagic Control X 2020 生成报告的界面，熟练掌握生成报告的流程。所进行的操作过程是在 8.3 节中已完成的检测工作基础上进行的。

## 8.4.1　生成步骤

**步骤 1：创建报告**

（1）双击图标启动 Geomagic Control X 2020 软件；

（2）选择"菜单"→"文件"→"打开"，选择第 8 章"8.4 叶片报告生成与输出"文件夹下"叶片检测（已完成）"模型；

（3）选择"菜单"→"生成报告"，进入到"报告"创建界面；

（4）选择"模板"中的"A4_Landscape"→"结果数据-1"→"所选实体"→产品"字段名""字段值"信息→"生成"；本案例生成的数据及填写的信息参见图 8-24。

**步骤 2：报告的局部修改**

报告的局部修改主要有封面修改及格式的设置工作，类似于 Word 的相关操作过程。

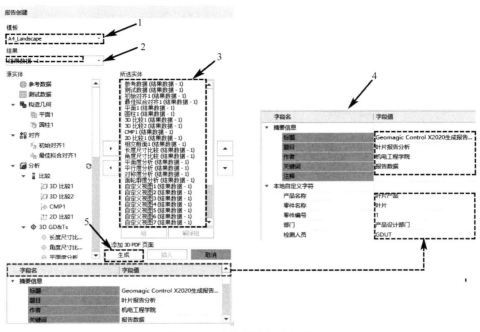

图 8-24　叶片报告创建过程

（1）报告封面 logo 的修改：选择"3D SYSTEMS" logo→"插入"→"插图"→"图像"→添加素材中的"报告封面 logo"→delete（删除）"3D SYSTEMS" logo，也可以直接在报告封面对文字进行修改，报告封面 logo 的修改参见图 8-25。

(a)

(b)　　　　　　　　　　　　　　(c)

图 8-25　报告封面 logo 的修改过程

（a）修改 logo 的步骤；（b）修改前；（c）修改后

（2）报告标题的添加：选择上一步修改好的 logo→"格式"→"标题"→"自定义标题"→输入"叶片检测报告"。对报告添加标题后可以对标题字体进行相应格式设置，报告标题的添加及字体格式的修改参见图 8-26。

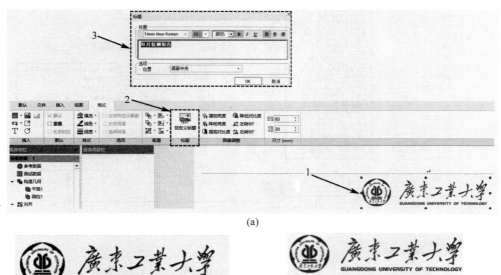

图 8-26　报告标题的添加及字体格式的修改
（a）添加封面标题的步骤；（b）字体修改前；（c）字体修改后

（3）产品信息的修改：选择需要修改的内容→"格式"→"文本"→"字段"→"自定义字段"→选择相应的产品信息内容。封面产品信息的修改过程参见图 8-27。

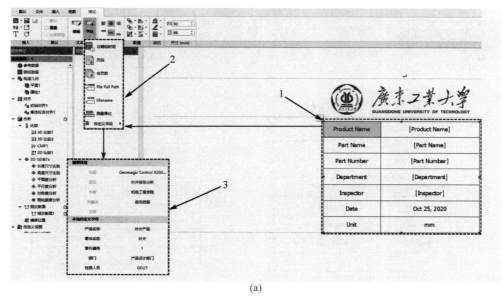

（a）

图 8-27　封面产品信息的修改过程
（a）修改封面产品信息的步骤；（b）修改前；（c）修改后

| Product Name | [Product Name] |
|---|---|
| Part Name | [Part Name] |
| Part Number | [Part Number] |
| Department | [Department] |
| Inspector | [Inspector] |
| Date | Oct 25, 2020 |
| Unit | mm |

(b)

| 产品名称 | 叶片产品 |
|---|---|
| 零件名称 | 叶片 |
| 零件编号 | 1 |
| 部门 | 产品设计部门 |
| 检测人员 | GDUT |
| 日期 | 2020-10-25 |
| 单位 | mm |

(c)

图 8-27 （续）

（4）封面声明部分的修改：对于在封面底部显示的文字声明，可以删除，也可以根据需要补充描述。

（5）分析结果图表的显示：选中"3D比较1：1"到"3D比较1：5"的参考位置X数据→"图表"→"图表"→"图表类型（条形）"→"参考位置X"；其他需要用图表直观显示的也可照此操作。参考位置（X）分析结果图表显示参见图8-28。

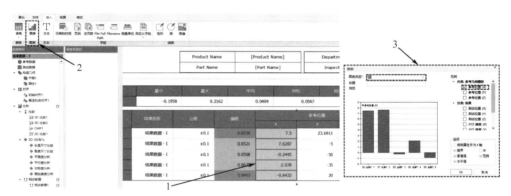

图 8-28 参考位置（X）分析结果图表显示

（6）其余一些操作与Word软件操作类似，如生成报告中文字格式的修改、页面设置及表格的添加等。

## 8.4.2 报告的输出

按照上述的操作进行报告生成及局部修改以后，就可以选择对生成的报告进行输出，主要有PowerPoint、Excel、PDF、文本等形式输出，还可以直接打印或生成打印预览。输出形式参见图8-29。完整的输出报告见8.4.3节。

图 8-29 生成的报告输出形式

将生成好的报告保存成 PDF 及 XML 格式,存放到第 8 章"叶片报告生成与输出"文件夹下,分别命名为"叶片检测报告生成"及"叶片检测报告的生成与输出"。

### 8.4.3　叶片完整的检测报告

生成的检测报告内容如下。

# 叶片检测报告

| 产品名称 | 叶片产品 |
|---|---|
| 零件名称 | 叶片 |
| 零件编号 | 1 |
| 部门 | 产品设计部门 |
| 检测人员 | GDUT |
| 日期 | 2020-10-25 |
| 单位 | mm |

**声明**

这种分析和预测的结果被认为是可靠的,但不能解释为提供担保,包括对适销性或适用性的任何保证,或3D　Systems公司承担法律责任的陈述。用户应进行充分的验证和反复测试,以确定所提供的任何信息的适用性。　3D　Systems公司不得将本文件视为未经许可而实施任何专利发明或以任何方式侵犯任何其他地方的知识产权的许可,诱导或建议。

报告封面

结果数据 - 1：　参考数据　-　Reference_Data

| Product Name | [Product Name] | Department | [Department] | Date | Oct 25, 2020 |
|---|---|---|---|---|---|
| Part Name | [Part Name] | Inspector | [Inspector] | Unit | mm |

| Product Name | [Product Name] | Department | [Department] | Date | Oct 25, 2020 |
|---|---|---|---|---|---|
| Part Name | [Part Name] | Inspector | [Inspector] | Unit | mm |

参考数据模型(CAD 数模)

结果数据 - 1 ： 测试数据 - Measured_Data

| Product Name | [Product Name] | Department | [Department] | Date | Oct 25, 2020 |
| --- | --- | --- | --- | --- | --- |
| Part Name | [Part Name] | Inspector | [Inspector] | Unit | mm |

| Product Name | [Product Name] | Department | [Department] | Date | Oct 25, 2020 |
| --- | --- | --- | --- | --- | --- |
| Part Name | [Part Name] | Inspector | [Inspector] | Unit | mm |

测试数据模型（扫描数据）

**结果数据 - 1 ： 初始对齐1**

| 最小 | -0.1424 |
| --- | --- |
| 最大 | 0.145 |
| 平均 | 0.0408 |
| RMS | 0.0571 |
| 标准偏差 | 0.04 |
| 离散 | 0.0016 |
| +平均 | 0.0515 |
| -平均 | -0.0191 |

| Product Name | [Product Name] | Department | [Department] | Date | Oct 25, 2020 |
| --- | --- | --- | --- | --- | --- |
| Part Name | [Part Name] | Inspector | [Inspector] | Unit | mm |

"初始对齐"结果

**结果数据 - 1 ： 最佳拟合对齐1**

| 最小 | -0.1441 |
| --- | --- |
| 最大 | 0.1444 |
| 平均 | 0.0402 |
| RMS | 0.0565 |
| 标准偏差 | 0.0398 |
| 离散 | 0.0016 |
| +平均 | 0.0511 |
| -平均 | -0.0188 |

| Product Name | [Product Name] | Department | [Department] | Date | Oct 25, 2020 |
| --- | --- | --- | --- | --- | --- |
| Part Name | [Part Name] | Inspector | [Inspector] | Unit | mm |

"最佳拟合对齐"结果

结果数据 - 1 ： 平面1

| 名称 | 结果名称 | 法线 | | | 实测法线 | | |
|---|---|---|---|---|---|---|---|
| | | X | Y | Z | X | Y | Z |
| 平面1 | 结果数据 - 1 | 0 | 0 | -1 | 0 | -0.0008 | -1 |

| 名称 | 结果名称 | 配对名称 | 位置公差 | 偏差 | 角度公差 | Δ角度 |
|---|---|---|---|---|---|---|
| 平面1 | 结果数据 - 1 | | | 0.001 | | 0.0464 |

| Product Name | [Product Name] | Department | [Department] | Date | Oct 25, 2020 |
|---|---|---|---|---|---|
| Part Name | [Part Name] | Inspector | [Inspector] | Unit | mm |

构造几何——平面

结果数据 - 1 ： 圆柱1

| 名称 | 结果名称 | 方向 | | | 实测方向 | | |
|---|---|---|---|---|---|---|---|
| | | X | Y | Z | X | Y | Z |
| 圆柱1 | 结果数据 - 1 | -1 | 0 | 0 | -1 | -0.0001 | 0 |

| 名称 | 结果名称 | 位置公差 | 偏差 | 角度公差 | Δ角度 | 直径公差 | Δ直径 |
|---|---|---|---|---|---|---|---|
| 圆柱1 | 结果数据 - 1 | | 0.0086 | | 0.0045 | | 0.0019 |

| Product Name | [Product Name] | Department | [Department] | Date | Oct 25, 2020 |
|---|---|---|---|---|---|
| Part Name | [Part Name] | Inspector | [Inspector] | Unit | mm |

构造几何——圆柱

结果数据 - 1 ： 3D 比较1

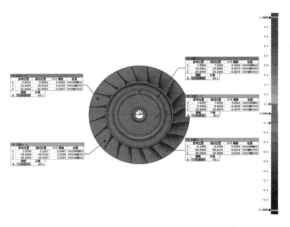

| | |
|---|---|
| 最小 | -0.1958 |
| 最大 | 0.2162 |
| 平均 | 0.0404 |
| RMS | 0.0567 |
| 标准偏差 | 0.0397 |
| 离散 | 0.0016 |
| +平均 | 0.051 |
| -平均 | -0.0177 |
| 公差内-(%) | 92.2109 |
| 超出公差(%) | 7.7891 |
| 高于公差(%) | 7.5821 |
| 低于公差(%) | 0.207 |

| Product Name | [Product Name] | Department | [Department] | Date | Oct 25, 2020 |
|---|---|---|---|---|---|
| Part Name | [Part Name] | Inspector | [Inspector] | Unit | mm |

| 名称 | 最小 | 最大 | 平均 | RMS | 标准偏差 | 离散 | +平均 | -平均 |
|---|---|---|---|---|---|---|---|---|
| 3D 比较1 | -0.1958 | 0.2162 | 0.0404 | 0.0567 | 0.0397 | 0.0016 | 0.051 | -0.0177 |

| 名称 | 结果名称 | 公差 | 偏差 | 参考位置 | | | 测试位置 | | |
|---|---|---|---|---|---|---|---|---|---|
| | | | | X | Y | Z | X | Y | Z |
| 3D 比较1: 1 | 结果数据 - 1 | ±0.1 | 0.0356 | 7.5 | 23.6811 | -24.5944 | 7.534 | 23.6884 | -24.602 |
| 3D 比较1: 2 | 结果数据 - 1 | ±0.1 | 0.0521 | 7.6287 | -5 | -20 | 7.6601 | -5.002 | -20.0079 |
| 3D 比较1: 3 | 结果数据 - 1 | ±0.1 | 0.0508 | -0.2445 | -50 | -35 | -0.1995 | -50.0134 | -34.9808 |
| 3D 比较1: 4 | 结果数据 - 1 | ±0.1 | 0.0672 | 2.078 | -35 | 45 | 2.1267 | -34.9702 | 45.0353 |
| 3D 比较1: 5 | 结果数据 - 1 | ±0.1 | 0.0493 | -0.8432 | 20 | 55 | -0.8006 | 20.023 | 54.9903 |

| Product Name | [Product Name] | Department | [Department] | Date | Oct 25, 2020 |
|---|---|---|---|---|---|
| Part Name | [Part Name] | Inspector | [Inspector] | Unit | mm |

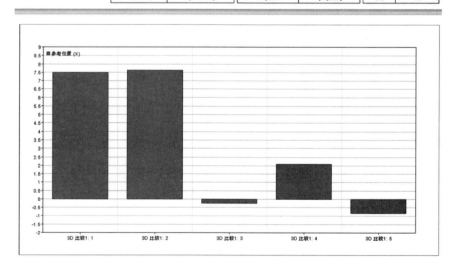

| Product Name | [Product Name] | Department | [Department] | Date | Oct 25, 2020 |
|---|---|---|---|---|---|
| Part Name | [Part Name] | Inspector | [Inspector] | Unit | mm |

"3D 比较"结果

结果数据‐1： 3D 比较2

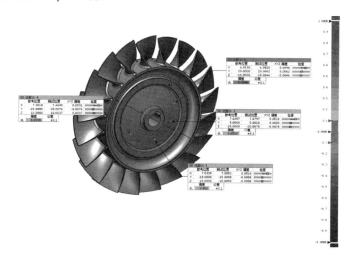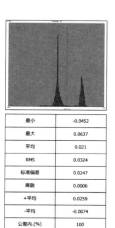

| | |
|---|---|
| 最小 | -0.0452 |
| 最大 | 0.0637 |
| 平均 | 0.021 |
| RMS | 0.0324 |
| 标准偏差 | 0.0247 |
| 离散 | 0.0006 |
| +平均 | 0.0259 |
| -平均 | -0.0074 |
| 公差内.(%) | 100 |
| 超出公差(%) | 0 |
| 高于公差(%) | 0 |
| 低于公差(%) | 0 |

| Product Name | [Product Name] | Department | [Department] | Date | Oct 25, 2020 |
|---|---|---|---|---|---|
| Part Name | [Part Name] | Inspector | [Inspector] | Unit | mm |

| 名称 | 最小 | 最大 | 平均 | RMS | 标准偏差 | 离散 | +平均 | -平均 |
|---|---|---|---|---|---|---|---|---|
| 3D 比较2 | -0.0452 | 0.0637 | 0.021 | 0.0324 | 0.0247 | 0.0006 | 0.0259 | -0.0074 |

| 名称 | 结果名称 | 公差 | 偏差 | 参考位置 | | | 测试位置 | | |
|---|---|---|---|---|---|---|---|---|---|
| | | | | X | Y | Z | X | Y | Z |
| 3D 比较2: 1 | 结果数据‐1 | ±0.1 | 0.0496 | 6.933 | 20 | -15 | 6.982 | 20.0062 | -15.0046 |
| 3D 比较2: 2 | 结果数据‐1 | ±0.1 | 0.0516 | 7.6287 | 5 | -20 | 7.6797 | 5.002 | -20.0078 |
| 3D 比较2: 3 | 结果数据‐1 | ±0.1 | 0.052 | 7.5339 | -15 | -15 | 7.5852 | -15.0058 | -15.0058 |
| 3D 比较2: 4 | 结果数据‐1 | ±0.1 | 0.0538 | 7.3518 | -20 | 10 | 7.4049 | -20.0076 | 10.0037 |

| Product Name | [Product Name] | Department | [Department] | Date | Oct 25, 2020 |
|---|---|---|---|---|---|
| Part Name | [Part Name] | Inspector | [Inspector] | Unit | mm |

"局部 3D 比较"结果

结果数据 - 1 ： CMP1

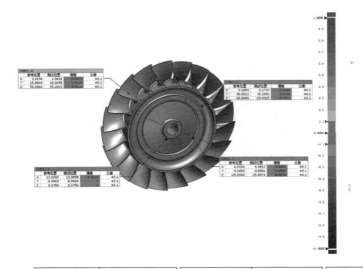

| Product Name | [Product Name] | Department | [Department] | Date | Oct 25, 2020 |
|---|---|---|---|---|---|
| Part Name | [Part Name] | Inspector | [Inspector] | Unit | mm |

| 名称 | 最小 | 最大 | 平均 | RMS | 标准偏差 | 离散 | +平均 | -平均 |
|---|---|---|---|---|---|---|---|---|
| CMP1 | -0.0735 | 0.0635 | 0.0143 | 0.0339 | 0.0308 | 0.0009 | 0.0257 | -0.0258 |

| 名称 | 结果名称 | 公差 | 偏差 | 参考位置 | | | 测试位置 | | |
|---|---|---|---|---|---|---|---|---|---|
| | | | | X | Y | Z | X | Y | Z |
| CMP1: 1 | 结果数据 - 1 | ±0.1 | 0.0288 | 5.1453 | 30.2513 | -20 | 5.1737 | 30.2551 | -20.0025 |
| CMP1: 2 | 结果数据 - 1 | ±0.1 | 0.0488 | 6.933 | 0 | -25 | 6.9812 | -0.0001 | -25.0076 |
| CMP1: 3 | 结果数据 - 1 | ±0.1 | -0.0102 | 13 | -8.9969 | 0.1784 | 12.9898 | -8.9969 | 0.1784 |
| CMP1: 4 | 结果数据 - 1 | ±0.1 | 0.0618 | 2.9194 | 15.0049 | 55.0002 | 2.9618 | 15.0498 | 55.0015 |

| Product Name | [Product Name] | Department | [Department] | Date | Oct 25, 2020 |
|---|---|---|---|---|---|
| Part Name | [Part Name] | Inspector | [Inspector] | Unit | mm |

"比较点"结果

**结果数据 - 1 . 2D 比较1**

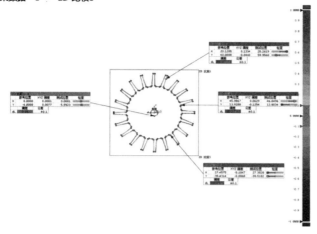
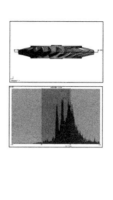

| Product Name | [Product Name] | Department | [Department] | Date | Oct 25, 2020 |
| Part Name | [Part Name] | Inspector | [Inspector] | Unit | mm |

| | |
|---|---|
| 最小 | -0.2528 |
| 最大 | 0.3801 |
| 平均 | 0.0856 |
| RMS | 0.1132 |
| 标准偏差 | 0.0741 |
| 离散 | 0.0055 |
| +平均 | 0.0956 |
| -平均 | -0.0457 |
| 公差内-(%) | 59.9196 |
| 超出公差(%) | 40.0804 |
| 高于公差(%) | 39.3052 |
| 低于公差(%) | 0.7752 |

| Product Name | [Product Name] | Department | [Department] | Date | Oct 25, 2020 |
| Part Name | [Part Name] | Inspector | [Inspector] | Unit | mm |

| 名称 | 最小 | 最大 | 平均 | RMS | 标准偏差 | 离散 | +平均 | -平均 |
|---|---|---|---|---|---|---|---|---|
| 2D 比较1 | -0.2528 | 0.3801 | 0.0856 | 0.1132 | 0.0741 | 0.0055 | 0.0956 | -0.0457 |

| 名称 | 结果名称 | 公差 | 偏差 | | 参考位置 | | 测试位置 | |
|---|---|---|---|---|---|---|---|---|
| | | | 值 | X | Y | X | Y | |
| 2D 比较1: 1 | 结果数据 - 1 | ±0.1 | 0.1404 | 0.1334 | -0.044 | 20.1285 | 60 | 20.2619 | 59.956 |
| 2D 比较1: 2 | 结果数据 - 1 | ±0.1 | 0.1403 | 0.0629 | -0.1254 | 45.9867 | 13.9288 | 46.0496 | 13.8034 |
| 2D 比较1: 3 | 结果数据 - 1 | ±0.1 | 0.138 | -0.1047 | -0.0868 | 27.4575 | -39.4314 | 27.3528 | -39.5182 |
| 2D 比较1: 4 | 结果数据 - 1 | ±0.1 | 0.0077 | 0.0001 | 0.0077 | 0 | -6 | 0.0001 | -5.9923 |
| 最小 | | | 0.0077 | -0.1047 | -0.1254 | 0.0000 | -39.4314 | 0.0001 | -39.5182 |
| 最大 | | | 0.1404 | 0.1334 | 0.0077 | 45.9867 | 60.0000 | 46.0496 | 59.9560 |

| Product Name | [Product Name] | Department | [Department] | Date | Oct 25, 2020 |
| Part Name | [Part Name] | Inspector | [Inspector] | Unit | mm |

"2D 比较"结果

结果数据 - 1 ： 相交断面1

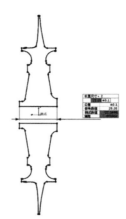

| Product Name | [Product Name] | Department | [Department] | Date | Oct 25, 2020 |
|---|---|---|---|---|---|
| Part Name | [Part Name] | Inspector | [Inspector] | Unit | mm |

| 名称 | 结果名称 | 参考数值 | 公差 | 测试数值 | 偏差 |
|---|---|---|---|---|---|
| 长度尺寸、2 | 结果数据 - 1 | 25.35 | ±0.1 | 25.3498 | -0.0002 |

| Product Name | [Product Name] | Department | [Department] | Date | Oct 25, 2020 |
|---|---|---|---|---|---|
| Part Name | [Part Name] | Inspector | [Inspector] | Unit | mm |

"2D GD&T"比较结果

结果数据 - 1 ： 长度尺寸比较

| Product Name | [Product Name] | Department | [Department] | Date | Oct 25, 2020 |
|---|---|---|---|---|---|
| Part Name | [Part Name] | Inspector | [Inspector] | Unit | mm |

| 名称 | 结果名称 | 公差 | 偏差 | 参考数值 | 测试数值 |
|---|---|---|---|---|---|
| 长度尺寸. 1 | 结果数据 - 1 | ±0.1 | -0.0004 | 25.35 | 25.3496 |

| Product Name | [Product Name] | Department | [Department] | Date | Oct 25, 2020 |
|---|---|---|---|---|---|
| Part Name | [Part Name] | Inspector | [Inspector] | Unit | mm |

"3D GD&T"比较结果——长度尺寸

**结果数据 - 1 : 角度尺寸比较**

| Product Name | [Product Name] | Department | [Department] | Date | Oct 25, 2020 |
|---|---|---|---|---|---|
| Part Name | [Part Name] | Inspector | [Inspector] | Unit | mm |

| 名称 | 结果名称 | 公差 | 偏差 | 参考数值 | 测试数值 |
|---|---|---|---|---|---|
| 角度尺寸. 1 | 结果数据 - 1 | ±0.5 | -0.0001 | 90 | 89.9999 |

| Product Name | [Product Name] | Department | [Department] | Date | Oct 25, 2020 |
|---|---|---|---|---|---|
| Part Name | [Part Name] | Inspector | [Inspector] | Unit | mm |

"3D GD&T"比较结果——角度尺寸

结果数据 - 1 ： 平面度分析

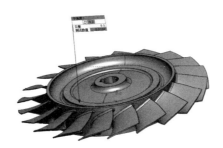

| Product Name | [Product Name] | Department | [Department] | Date | Oct 25, 2020 |
|---|---|---|---|---|---|
| Part Name | [Part Name] | Inspector | [Inspector] | Unit | mm |

| 名称 | 结果名称 | 公差 | 测试数值 | 公差补偿 |
|---|---|---|---|---|
| 平面度1 | 结果数据 - 1 | 0.1 | 0.0104 | 0 |

| Product Name | [Product Name] | Department | [Department] | Date | Oct 25, 2020 |
|---|---|---|---|---|---|
| Part Name | [Part Name] | Inspector | [Inspector] | Unit | mm |

"3D GD&T"比较结果——平面度

结果数据 - 1 ： 平行度分析

| Product Name | [Product Name] | Department | [Department] | Date | Oct 25, 2020 |
|---|---|---|---|---|---|
| Part Name | [Part Name] | Inspector | [Inspector] | Unit | mm |

| 名称 | 结果名称 | 公差 | 测试数值 | 公差补值 |
|---|---|---|---|---|
| 平行度-1 | 结果数据 - 1 | 0.3 | 0.0155 | 0 |

| Product Name | [Product Name] | Department | [Department] | Date | Oct 25, 2020 |
|---|---|---|---|---|---|
| Part Name | [Part Name] | Inspector | [Inspector] | Unit | mm |

"3D GD&T"比较结果——平行度

结果数据 - 1 ： 面轮廓度分析

| Product Name | [Product Name] | Department | [Department] | Date | Oct 25, 2020 |
|---|---|---|---|---|---|
| Part Name | [Part Name] | Inspector | [Inspector] | Unit | mm |

| 名称 | 结果名称 | 公差 | 测试数值 | 公差补偿 |
|---|---|---|---|---|
| 面轮廓度1 | 结果数据 - 1 | 0.1 | 0.0489 | 0 |

| Product Name | [Product Name] | Department | [Department] | Date | Oct 25, 2020 |
|---|---|---|---|---|---|
| Part Name | [Part Name] | Inspector | [Inspector] | Unit | mm |

"3D GD&T"比较结果——面轮廓度

结果数据 - 1 ： 对称度分析

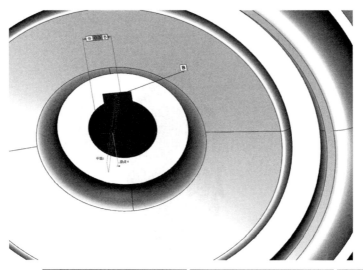

| Product Name | [Product Name] | Department | [Department] | Date | Oct 25, 2020 |
|---|---|---|---|---|---|
| Part Name | [Part Name] | Inspector | [Inspector] | Unit | mm |

| 名称 | 结果名称 | 公差 | 测试数值 | 公差补偿 |
|---|---|---|---|---|
| 对称1 | 结果数据 - 1 | 0.5 | 0.0017 | 0 |

| Product Name | [Product Name] | Department | [Department] | Date | Oct 25, 2020 |
|---|---|---|---|---|---|
| Part Name | [Part Name] | Inspector | [Inspector] | Unit | mm |

"3D GD&T"比较结果——对称度

# 第9章

# Geomagic Control X自动化检测过程

## 9.1 Geomagic Control X 自动化检测过程概述

Geomagic Control X 自动化检测过程可以针对同一产品的单个或多个样件进行快速检测。当处理检测工件时,软件记录了使用过的功能和命令,从基准的创建和对齐,到 2D、3D 比较和生成报告。通过自动化检测过程,用户在完成一个检测流程后,可通过批处理命令将要处理的多个样件导入。软件会依据操作流程依次完成对导入样件的检测并将生成的结果文件分别输出。Geomagic Control X 自动化检测过程适用于针对同一产品的批量样件进行检测,可大幅降低检测人员的工作量,提高检测的效率,从而加速产品上市时间,使企业在市场竞争中处于优势地位。

## 9.2 Geomagic Control X 自动化检测过程命令及流程

### 9.2.1 Geomagic Control X 自动化检测过程主要命令简介

#### 1. 批处理(▦)

Geomagic Control X 可通过"批处理"命令来实现自动化检测过程,如图 9-1 所示,可通过"菜单"→"工具"→"批处理"▦找到"批处理"命令。通过"批处理"命令可以打开如图 9-2 所示的"批处理"窗口。在完成一个完整的检测流程后,可通过"批处理"窗口导入多个测试数据并执行"批处理"命令。

"批处理"窗口:"批处理"窗口的左侧是"测试数据管理器",通过"测试数据管理器",可以执行添加文件、添加文件夹等命令,将所需要的测试数据导入软件。"批处理窗口"的右侧可以定义输出选项、输出报告的格式、输出数据的目标文件夹等内容。

图 9-1 "批处理"命令路径

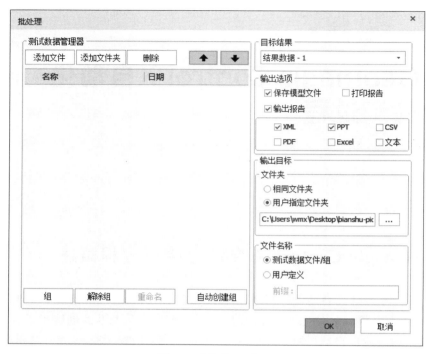

图 9-2 "批处理"窗口

**2. 趋势分析**（ ）

可通过"趋势分析"来比较批处理后所生成结果的变化趋势。如图 9-3 所示,通过"菜单"→"工具"→"报告工具"→"趋势分析"执行"趋势分析"命令,打开的"趋势分析"界面如图 9-4 所示。

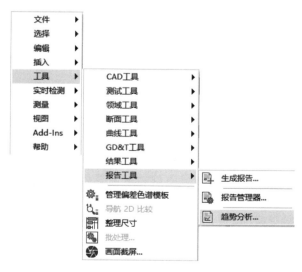

图 9-3 执行"趋势分析"命令

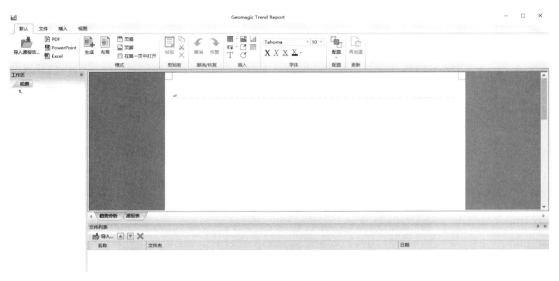

图 9-4　"趋势分析"窗口

## 9.2.2　Geomagic Control X 自动化检测操作流程

用 Geomagic Control X 自动化检测过程对一个产品的多个样件进行检测时,先需要针对单个样件完成一遍检测流程。值得一提的是,在完成检测流程的过程中只需导入参考文件,而无需导入测试文件。在完成一遍检测流程后将需检测的多个样件测试文件一并导入。系统会自动依据已完成的检测流程依次完成对多个样件的检测。Geomagic Control X 自动化检测过程可简单归纳为:数据导入、数据对齐、分析比较、生成报告以及批处理五个阶段,其基本操作流程如图 9-5 所示。

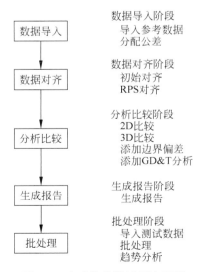

图 9-5　自动化检测过程流程图

## 9.3　Geomagic Control X 自动化检测过程操作实例

### 9.3.1　数据导入

目标：将参考数据导入软件中，并在参考数据的指定面和边上设置公差。

本实例可能用到的主要命令有：

（1）"菜单"→"导入"；

（2）"菜单"→"工具"→"CAD 工具"→"设置公差"。

**步骤 1：导入参考数据**

如图 9-6 所示，在"初始"选项卡的"导入"组中，单击"导入"命令 📥，或选择"菜单"→"导入"，打开"导入"窗口，如图 9-7 所示。打开第 9 章模型数据下的"批处理数据"文件夹，找到其中的 Reference_Data，单击"仅导入"。导入后的模型如图 9-8 所示。

图 9-6　执行"导入"命令

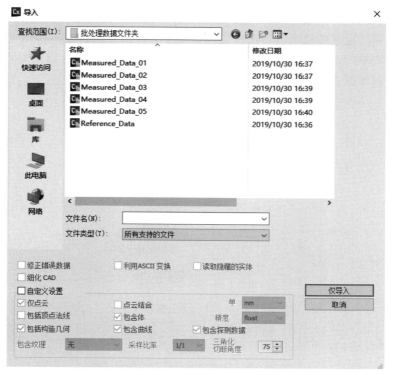

图 9-7　"导入"窗口

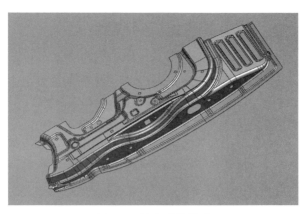

图 9-8　导入后的模型

**步骤 2：设置公差**

"设置公差"命令可在参考数据的面和边上设置多个公差，并将比较后得到的检测结果偏差与所设置的公差进行比较。

(1) 如图 9-9 所示，在"CAD"选项卡中单击"设置公差"命令 <sub></sub>，或通过选择"菜单"→"工具"→"CAD 工具"→"设置公差"来重新分配参考数据区域的公差。

图 9-9　执行"设置公差"命令

(2) 如图 9-10 所示，在"组 1"的公差输入框中输入 0.5，将参考数据的面公差设置为0.5 mm。

(3) 如图 9-11 所示，单击"新增组"，添加一个新的公差组。

图 9-10　输入公差　　　　　　　图 9-11　新增公差组

（4）如图 9-12 所示,在新增的"组 2"中,将颜色改为"蓝色",在公差输入框中输入 0.3,将参考数据面公差设置为 0.3 mm。

**提示**：在每个公差组中设置不同的颜色可帮助用户识别不同的公差组。

（5）单击"组 2"并点选参考模型的外表面,分配一个新的公差组。得到的结果如图 9-13 所示,黄色部分代表公差为±0.5 mm 的区域,蓝色部分代表公差为±0.3 mm 的区域。

**提示**：可通过点选模型表面来定义公差组所包含的面。

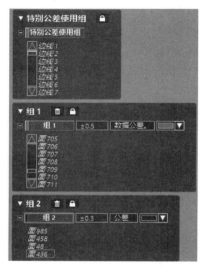

图 9-12　公差组组 2

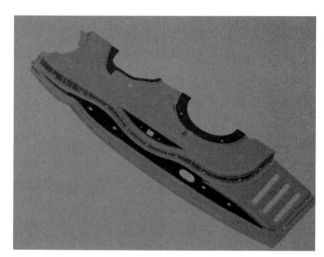

图 9-13　公差组的颜色分区

（6）单击 ✔ 按钮,完成命令。

## 9.3.2　数据对齐

Geomagic Control X 包含多种对齐方式,如初始对齐、RPS 对齐、基准对齐、3-2-1 对齐、自适应对齐等。在此步骤中,将使用初始对齐和 RPS 对齐,使参考数据和测试数据之间的坐标系在三维空间内匹配。

目标：执行"初始对齐"命令和"RPS 对齐"命令,对齐参考数据与测试数据。

可能用到的命令有：

（1）"菜单"→"插入"→"对齐"→"初始对齐";

（2）"菜单"→"插入"→"对齐"→"RPS 对齐"。

**步骤 1：初始对齐**

（1）如图 9-14 所示,在"初始"选项卡中的"对齐"组中单击"初始对齐"命令 ，或选择"菜单"→"插入"→"对齐"→"初始对齐",打开的"初始对齐"对话框如图 9-15 所示。

图 9-14　执行"初始对齐"命令

图 9-15 "初始对齐"对话框

（2）勾选"利用特征识别提高对齐精度"。软件将分析参考数据和测试数据之间的特征并进行比较，并将测试数据移动到与测试数据之间偏差最小的位置。

（3）单击 ✅ 按钮。结果如图 9-16 所示，初始对齐的对象将被添加到模型管理器中的对齐部分中。

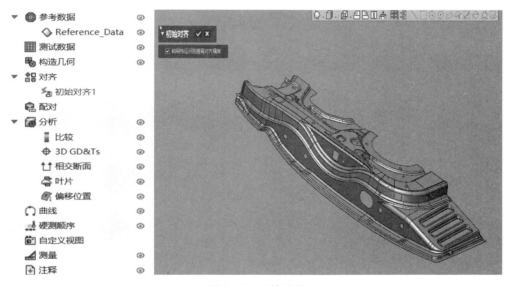

图 9-16 初始对齐

提示：在模型管理器中出现警告标志，表示当前项目没有测试数据，没有计算特征。

**步骤 2：RPS 对齐**

（1）如图 9-17 所示，在"初始"选项卡中的"对齐"组中单击"RPS 对齐" 🔲，或选择"菜单"→"插入"→"对齐"→"RPS 对齐"命令，打开"RPS 对齐"对话框，如图 9-18 所示。

图 9-17 执行"RPS 对齐"命令

（2）选择如图 9-19 所示的第一个边界。

提示：如果边界的选择不可用，可在选择过滤器工具栏中将过滤器切换为边线过滤器，如图 9-20 所示。

（3）将所有轴的附加约束更改为"默认最小化"。

（4）公差输入框输入 0.1，将配对点的公差设置为 0.1 mm。

图 9-18 "RPS 对齐"对话框

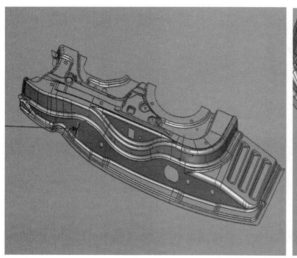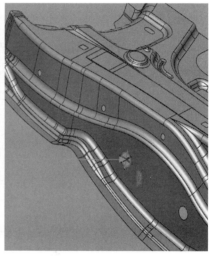

图 9-19 选择第一个边界

图 9-20 边线过滤器

（5）选择图 9-21 所示的第二个边界。

（6）如图 9-22 所示，将 X 轴的追加约束条件更改为"无"。

（7）选择图 9-23 所示的第三个边界。

（8）如图 9-24 所示，将 X 轴和 Y 轴的约束更改为"无"。

（9）单击✅按钮，如图 9-25 所示，"RPS 对齐"将被添加到模型管理器中的对齐部分下面。

（10）通过在模型管理器中单击"RPS 对齐"旁边的"眼睛图标" ◎ ，可以使"RPS 对齐"特性在模型视图中隐藏，以便于后续的操作。

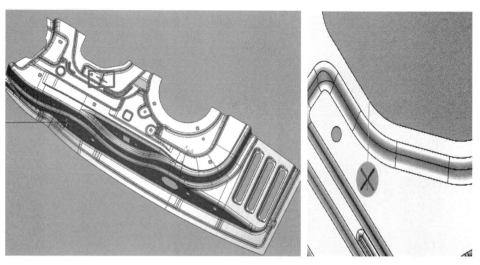

图 9-21　选择第二个边界

图 9-22　追加约束条件

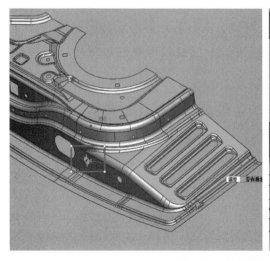
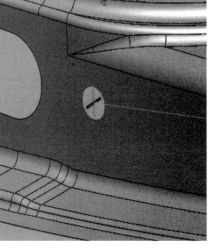

图 9-23　选择第三个边界

图 9-24    追加约束条件

图 9-25    添加"RPS 对齐"到模型管理器

### 9.3.3    分析比较

目标：执行 2D 比较、3D 比较、添加边界偏差以及添加 GD&T 分析等命令,完成对测试数据的分析比较流程。

本实例可能用到的主要命令有：

(1)"菜单"→"插入"→"比较"→"2D 比较";

(2)"菜单"→"插入"→"比较"→"3D 比较";

(3)"菜单"→"插入"→"偏差"→"边界"→"偏差";

(4)"菜单"→"工具"→"GD&T 工具"→"智能尺寸";

(5)"菜单"→"工具"→"GD&T 工具"→"平面度";

(6)"菜单"→"工具"→"GD&T 工具"→"圆度"。

**步骤 1：2D 比较**

"2D 比较"工具将用于计算和显示参考数据和测试数据之间的断面偏差。可以通过在模型上截取一个平面断面来添加 2D 比较特征,并测量参考数据和测试数据在断面上的偏差。

(1)如图 9-26 所示,在"初始"选项卡的"比较"组中,单击"2D 比较"　,或通过"菜单"→"插入"→"比较"→"2D 比较"命令,打开"2D 比较"对话框。

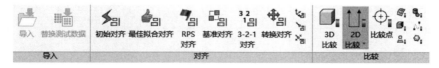

图 9-26    执行"2D 比较"命令

(2)如图 9-27 所示,定义截面平面的位置和计算方法。选择"偏移"方法并选择平面 Z 作为基准平面。"偏移距离"设置为 30 mm。"投影方向"选择"最短"。所选截面如图 9-28 所示。

图 9-27　"2D 比较"对话框

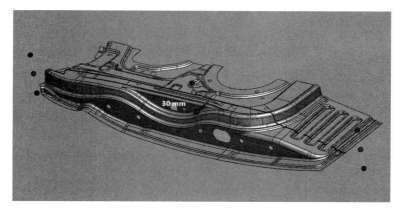

图 9-28　截面平面

（3）单击 ➡ 按钮，进入下一步。

（4）如图 9-29 所示，使用"偏差标签"下的"选择"选项，在断面上选择若干点来分析特定位置的偏差值。每个点位置和偏差的注释将会显示。

（5）单击 ✔ 按钮，完成命令。

提示：单击模型树"2D 比较"特征旁的"眼睛图标" 👁 ，可隐藏"2D 比较"特征。

**步骤 2：3D 比较**

3D 比较是通过将对齐后的测试对象（点云数据、多边形数据或 CAD 模型等）和参考对象（多边形数据、CAD 模型等）进行直接比较，生成结果对象并以三维彩色偏差图的形式呈现出来，反映出整个零件各部位的误差情况。

（1）如图 9-30 所示，在"初始"选项卡的"比较"组中，单击"3D 比较" ▣ ，或通过选择"菜单"→"插入"→"比较"→"3D 比较"，来执行"3D 比较"命令。

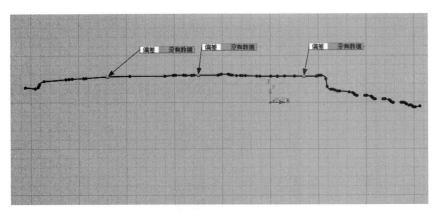

图 9-29    选择断面上的若干点

图 9-30    执行"3D 比较"命令

（2）如图 9-31 所示，选择"外表"选项作为比较方法，并选择"最短"选项作为投影方向，这种方法将计算参考数据和测试数据之间的最小距离。

（3）单击 ➡ 按钮，进入下一步，更新后的窗口如图 9-32 所示。取消勾选"使用指定公差"选项。

图 9-31    "3D 比较"对话框一

图 9-32    "3D 比较"对话框二

提示：在图9-32中如果勾选"使用指定公差"选项，软件将会以指定的公差作为比较的参考，而不是以前文中设置的公差作为参考。

（4）使用"偏差标签"下的"手动""选择"选项并在模型上选择若干点，如图9-33所示，来分析特定位置的偏差值。每个点位置和偏差的注释将会显示。

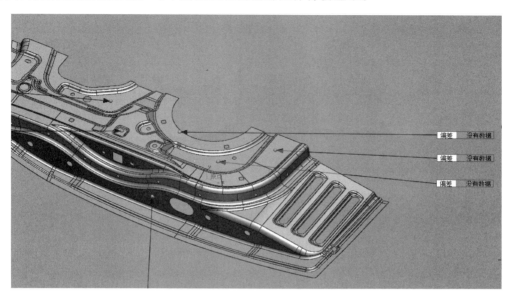

图9-33　分析特定位置的偏差值

（5）单击☑按钮，完成3D比较的设置。需要注意的是，由于未导入测试数据，此过程中暂时不会显示3D比较的结果。

提示：单击模型树"3D比较"特征旁的"眼睛"图标，可隐藏"3D比较"特征。

**步骤3：添加边界偏差**

"边界偏差"命令用于分析参考数据和测试数据之间的边界偏差，并以色彩显示结果。

（1）如图9-34所示，在"比较"选项卡的"比较"组中，单击"边界偏差"🗔，或选择"菜单"→"插入"→"偏差"→"边界偏差"，打开"边界偏差"对话框。

图9-34　执行"边界偏差"命令

（2）选择图9-35所示的模型主体的外部边界。

（3）如图9-36所示，在"边界偏差"对话框中取消"对应侧壁或弯曲形状的境界补偿"，其他选项选默认。

（4）单击➡按钮，进入下一步。

（5）如图9-37所示，为了从偏差分析中找到最高和最低的偏差位置，在"偏差标签"中的"自动"下分别勾选"高于公差的数量"和"低于公差的数量"，并将每个选项中的值设置为"1"。

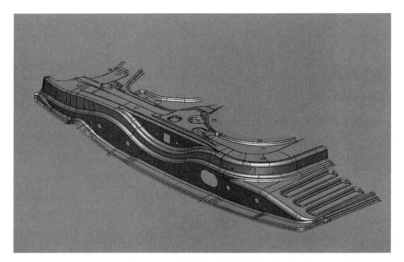

图 9-35　选择模型的外部边界

图 9-36　"边界偏差"对话框

图 9-37　偏差标签

（6）单击 ✔ 按钮，完成命令。

**步骤 4：添加尺寸标注**

（1）如图 9-38 所示，在"尺寸"选项卡的"几何尺寸"组中，单击"智能尺寸" △，或选择"菜单"→"工具"→"GD&T 工具"→"智能尺寸"，打开"智能尺寸"对话框。

图 9-38　执行"智能尺寸"命令

（2）选择图 9-39 所示的一对圆边作为目标，测量其圆心间的距离，并将注释放在模型视图中想要的位置。

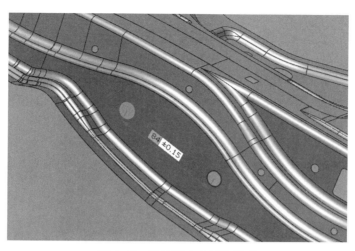

图 9-39　测量圆心之间的距离

（3）如图 9-40 所示，单击✓按钮，完成尺寸的标注。将根据所选部件的尺寸自动定义公差。如要手动定义公差值可在"公差"输入框中修改该值。

（4）与前面的步骤相同，选择图 9-41 所示的一对圆边作为目标，并将注释放在模型视图中想要的位置。

图 9-40　"智能尺寸"对话框

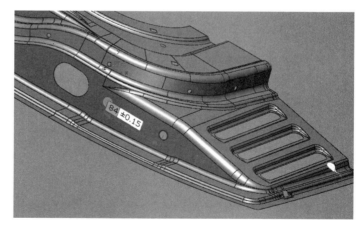

图 9-41　测量两圆心之间的距离

（5）选择图 9-42 所示的半圆形边缘作为目标，测量其直径，并将注释放在模型视图中想要的位置。

**步骤 5：添加几何公差**

（1）如图 9-43 所示，在"尺寸"选项卡的"几何公差"组中，单击"平面度" ⟋⟍ 或选择"菜单"→"工具"→"GD&T 工具"→"平面度"，执行"平面度"命令。

（2）选择图 9-44 所示的平面来测量平面度，并将注释放置在模型视图中想要的位置。

（3）"平面度"对话框如图 9-45 所示，在"公差"输入框中输入 0.2，将平面度的公差设置

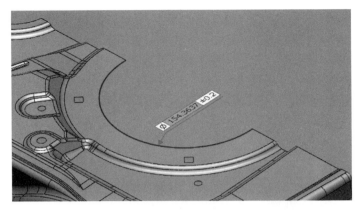

图 9-42 测量圆边半径

图 9-43 执行"平面度"命令

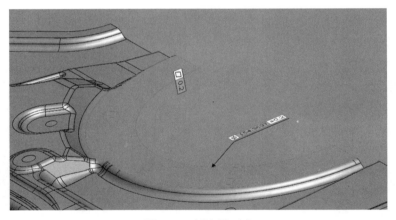

图 9-44 标注平面度

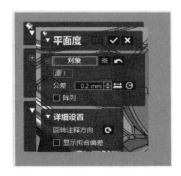

图 9-45 "平面度"对话框

为 0.2 mm。

（4）检查预览并单击 ✅ 按钮。

（5）在"尺寸"选项卡的"几何公差"组中，单击"圆度" ○ 或选择"菜单"→"工具"→"GD&T工具"→"圆度"，执行"圆度"命令。

（6）选择图 9-46 所示的半圆形边缘来测量圆度，并将注释放在模型视图中想要的位置。

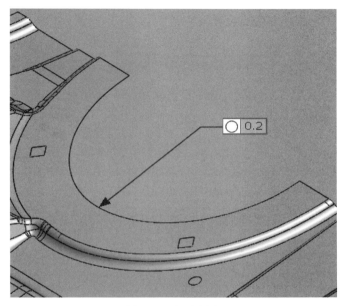

图 9-46 标注圆度

（7）"圆度"对话框如图 9-47 所示，在"公差"输入框中输入 0.2，设置圆度公差为 0.2 mm。

图 9-47 "圆度"对话框

（8）检查预览（见图 9-48）并单击 ✅ 按钮。

提示：如图 9-49 所示，如果所选对象上存在已定义的尺寸，则几何公差结果将附加到该尺寸上。

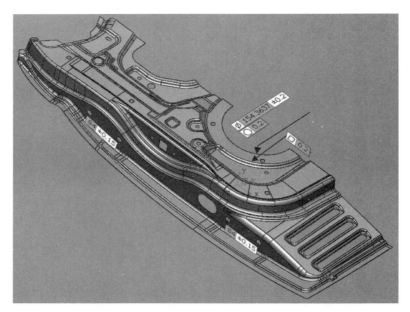

图 9-48　检查预览

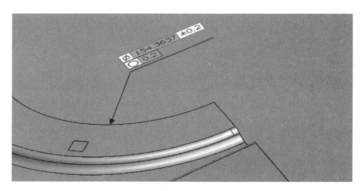

图 9-49　已定义尺寸与几何公差

## 9.3.4　生成报告

通过"生成报告"命令,可以为预先计划的批处理检测项目创建一个报告模板,并在批处理过程时将其应用到多个测试数据中。创建的检查报告可以导出为 PDF、Excel 或 PowerPoint 等文件格式。

目标:执行"生成报告"命令,为预先计划的批处理检测项目创建一个报告模板。

本实例中可能用到的命令有:

"菜单"→"工具"→"报告工具"→"生成报告"。

**执行"生成报告"命令**

(1) 如图 9-50 所示,在"工具"选项卡的"报告"组中,单击"生成报告",或选择"菜单"→"工具"→"报告工具"→"生成报告",执行"生成报告"命令。

图 9-50　执行"生成报告"命令

（2）如图 9-51 所示，确认添加在结果数据中的所有特征都在"所选实体"列表中列出，然后单击"生成"。软件会自动生成检测报告，其部分内容如图 9-52 所示。

图 9-51　报告创建

**提示**：每个检测特征旁边出现"警告标志"⚠表示当前项目没有测试数据，因此没有检测结果。

## 9.3.5　批处理

在生产过程中通常需要检测同一产品的多个样件。在计算机中，"批处理"命令可以在没有手动干预的情况下执行对同一产品多个样件的检测。在此步骤中，用户只需将多个样件的参考数据导入，软件会依据之前已记录的操作完成多个样件的批处理检测。

目标：将需要检测的同一产品的多个样件导入软件中，并执行对这一批零件的"批处理"命令。

**结果数据 - 1 ： 3D 比较1**

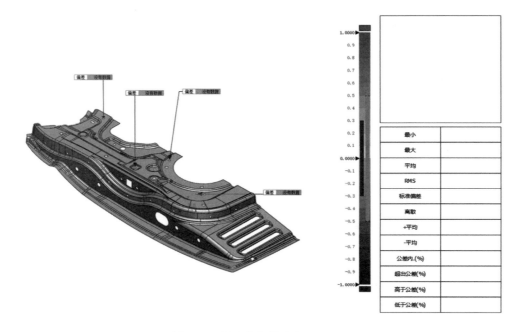

| | |
|---|---|
| 最小 | |
| 最大 | |
| 平均 | |
| RMS | |
| 标准偏差 | |
| 离散 | |
| +平均 | |
| -平均 | |
| 公差内.(%) | |
| 超出公差(%) | |
| 高于公差(%) | |
| 低于公差(%) | |

图 9-52    报告的部分内容

本实例需要运用的主要命令有："菜单"→"工具"→"批处理"。

**步骤 1：保存已执行的检测项目**

把上述已执行的检测项目保存为 Control X 项目文件（.CXProj），并命名为"批处理"。选择"文件"→"保存" 🖫 或使用快捷键 Ctrl＋S 来完成对目标文件的保存。

**步骤 2：导入测试数据**

（1）新建一个文件夹，并命名为"检测结果"，以存储批处理后生成的模型文件和几何报告。

（2）通过"菜单"→"工具"→"批处理"命令 🗿 来启动对多个测试数据的批量处理。"批处理"窗口如图 9-53 所示。在窗口左侧的"测试数据管理器"中单击"添加文件"。

（3）如图 9-54 所示，找到到第 9 章模型数据下的"批处理数据"文件夹，按住键盘上的 Shift 键选择 Measured_Data_ 01.CXProj 到 Measured_ Data_05.CXProj 的所有数据，并单击"打开"来导入选择的所有测试数据，将这些数据作为要进行批处理的目标测试数据。

**步骤 3："输出选项"设置**

（1）如图 9-55 所示，在"批处理"窗口右侧对"输出选项"进行设置，在"输出选项"一栏勾选"保存模型文件"和"输出报告"，将输出报告的格式设置为 PPT 和 XML 格式。在"输出目标"下勾选"用户指定文件夹"，并将保存路径设置为步骤 2 中所新建的"检测结果"文件夹。

（2）检查所有选项，如图 9-56 所示。

图 9-53　"批处理"窗口

图 9-54　导入测试数据

图 9-55    "输出选项"设置

图 9-56    检查所有结果

**步骤 4：执行"批处理"命令**

（1）单击 OK 按钮，对列出的测试数据进行批处理。受计算机的性能水平的限制，批处理过程可能需要花费一定的时间。批处理所生成的数据将会存储在操作者所指定的文件夹中。

（2）批处理完成后的结果如图 9-57 所示，此时显示的是最后一个测试数据的检测结果，如图 9-58 所示，可在步骤 2 新建的"检测结果"文件夹中找到生成的所有结果文件和检测报告。

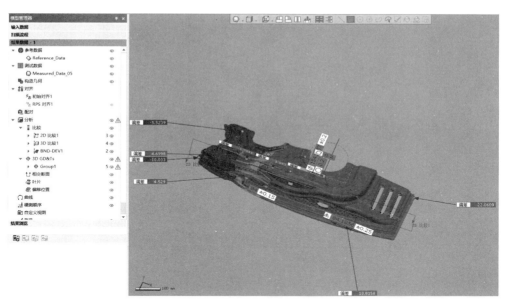

图 9-57　批处理的结果

| 名称 | 修改日期 | 类型 | 大小 |
|---|---|---|---|
| Measured_Data_01(报告 1) | 2020/10/26 16:27 | PPTX 演示文稿 | 3,149 KB |
| Measured_Data_01(报告 1) | 2020/10/26 16:25 | XML 文档 | 7,680 KB |
| Measured_Data_01 | 2020/10/26 16:27 | GeomagicContr... | 51,979 KB |
| Measured_Data_02(报告 1) | 2020/10/26 16:30 | PPTX 演示文稿 | 3,178 KB |
| Measured_Data_02(报告 1) | 2020/10/26 16:28 | XML 文档 | 7,720 KB |
| Measured_Data_02 | 2020/10/26 16:30 | GeomagicContr... | 49,970 KB |
| Measured_Data_03(报告 1) | 2020/10/26 16:33 | PPTX 演示文稿 | 2,956 KB |
| Measured_Data_03(报告 1) | 2020/10/26 16:31 | XML 文档 | 7,416 KB |
| Measured_Data_03 | 2020/10/26 16:33 | GeomagicContr... | 47,391 KB |
| Measured_Data_04(报告 1) | 2020/10/26 16:36 | PPTX 演示文稿 | 3,093 KB |
| Measured_Data_04(报告 1) | 2020/10/26 16:34 | XML 文档 | 7,609 KB |
| Measured_Data_04 | 2020/10/26 16:36 | GeomagicContr... | 45,741 KB |
| Measured_Data_05(报告 1) | 2020/10/26 16:39 | PPTX 演示文稿 | 2,964 KB |
| Measured_Data_05(报告 1) | 2020/10/26 16:36 | XML 文档 | 7,430 KB |
| Measured_Data_05 | 2020/10/26 16:39 | GeomagicContr... | 43,813 KB |

图 9-58　所有的结果文件

（3）任选一个检测报告进行查看。双击 Measured_Data_01（报告 1）可查看检测数据 Measured_Data_01 所生成的检测报告。图 9-59～图 9-61 为报告的部分内容。

## 9.3.6　趋势分析

在完成"批处理"命令后可通过"趋势分析"来比较批处理后所生成结果的变化趋势。下面对"趋势分析"操作步骤进行说明。

目标：进入"趋势分析"界面，并导入批处理过程中所生成的报告。软件会依据所导入的源报告生成趋势分析报告。

本实例需要运用的主要命令有："菜单"→"工具"→"报告工具"→"趋势分析"。

# 3D SYSTEMS

| Product Name | [Product Name] |
| --- | --- |
| Part Name | [Part Name] |
| Part Number | [Part Number] |
| Department | [Department] |
| Inspector | [Inspector] |
| Date | Oct 26, 2020 |
| Unit | mm |

图 9-59　报告封面

结果数据 - 1　：　初始对齐1

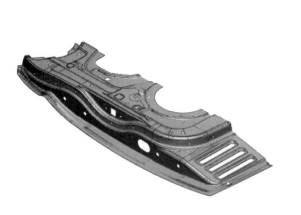

| 最小 | -1.0889 |
| --- | --- |
| 最大 | 1.0907 |
| 平均 | 0.0409 |
| RMS | 0.4169 |
| 标准偏差 | 0.4148 |
| 离散 | 0.1721 |
| +平均 | 0.3627 |
| -平均 | -0.2949 |

| Product Name | [Product Name] | Department | [Department] | Date | Aug 16, 2020 |
| --- | --- | --- | --- | --- | --- |
| Part Name | [Part Name] | Inspector | [Inspector] | Unit | mm |

图 9-60　"初始对齐"数据

结果数据 - 1 ： 3D 比较1

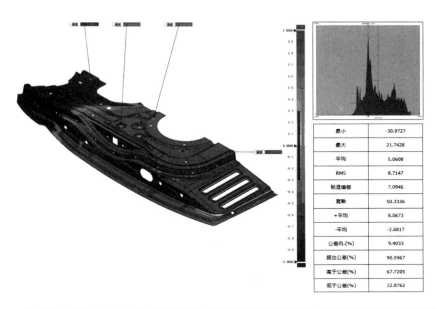

| Product Name | [Product Name] | Department | [Department] | Date | Oct 26, 2020 |
| Part Name | [Part Name] | Inspector | [Inspector] | Unit | mm |

图 9-61 "3D 比较"数据

**步骤 1：导入源报告**

（1）选择"菜单"→"工具"→"报告工具"→"趋势分析"，打开"趋势分析"选项卡，如图 9-62 所示。在"趋势分析"选项卡中，用户可定义趋势分析报告的格式和布局，并可执行"导入源报告"等命令。

图 9-62 "趋势分析"选项卡

（2）如图 9-63 所示，单击"导入源报告" ，打开"导入源报告"窗口。

图 9-63 导入源报告

（3）如图 9-64 所示，找到第 9 章模型数据下的"检测结果"文件夹，选择所有的 XML 格式的报告文件，单击"打开"按钮，导入源报告。

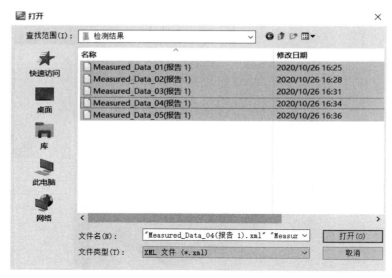

图 9-64　导入报告文件

**步骤 2：生成趋势分析报告**

（1）如图 9-65 所示，单击两次"生成"命令 📱，第一次在工作区的模型树下生成预览，在工作区生成源报告，如图 9-66 所示，可通过在模型树上"勾选"对应的选项以确定趋势分析的内容。第二次在工作区生成趋势分析报告，如图 9-67 所示。

图 9-65　生成趋势分析

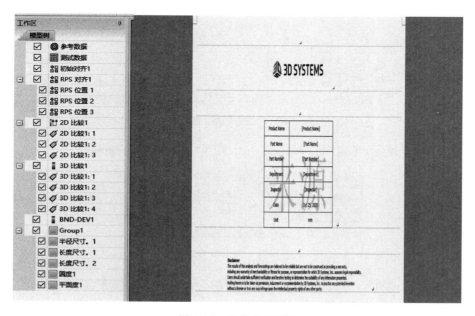

图 9-66　趋势分析预览

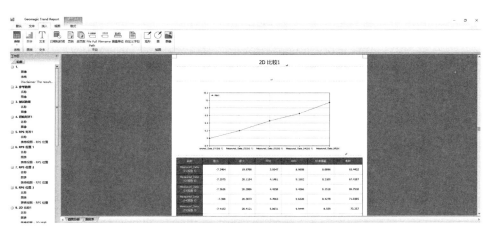

图 9-67　生成趋势分析报告

（2）如图 9-68 所示，可将生成的趋势分析报告以 PDF、Powerpoint、Excel 等三种格式输出，图 9-69 和图 9-70 为趋势分析的部分内容。

图 9-68　输出趋势分析报告

## 3D 比较1

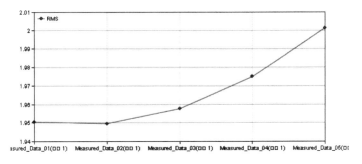

| 名称 | 最小 | 最大 | 平均 | RMS | 标准偏差 | 离散 |
|---|---|---|---|---|---|---|
| Measured_Data_01(报告 1) | -8.1217 | 8.0619 | -0.3757 | 1.9505 | 1.914 | 3.6633 |
| Measured_Data_02(报告 1) | -8.1491 | 8.0633 | -0.3645 | 1.9496 | 1.9152 | 3.668 |
| Measured_Data_03(报告 1) | -8.2421 | 8.107 | -0.3579 | 1.9576 | 1.9246 | 3.7042 |
| Measured_Data_04(报告 1) | -8.3576 | 8.2018 | -0.3526 | 1.9749 | 1.9432 | 3.7759 |
| Measured_Data_05(报告 1) | -8.5343 | 8.341 | -0.3518 | 2.0013 | 1.9702 | 3.8815 |
| 最小 | -8.5343 | | -0.3757 | 1.9496 | 1.9140 | 3.6633 |
| 最大 | | 8.3410 | -0.3518 | 2.0013 | 1.9702 | 3.8815 |
| 平均 | | | -0.3605 | 1.9668 | 1.9334 | 3.7386 |

图 9-69　趋势分析的"3D 比较"内容

## 平面度1

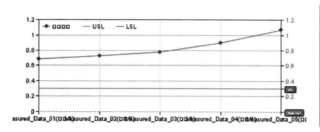

| 名称 | 测试数值 |
|---|---|
| USL | 0.3000 |
| LSL | 0.3000 |
| Cp | 0.0000 |
| Cpu | -1.1637 |
| Cpl | 1.1637 |
| Cpk | -1.1637 |
| Cr | inf |

| 名称 | 测试数值 | 公差 | 公差补偿 |
|---|---|---|---|
| Measured_Data_01(报告 1) | 0.6862 | 0.3 | 0 |
| Measured_Data_02(报告 1) | 0.7288 | 0.3 | 0 |
| Measured_Data_03(报告 1) | 0.7784 | 0.3 | 0 |
| Measured_Data_04(报告 1) | 0.898 | 0.3 | 0 |
| Measured_Data_05(报告 1) | 1.066 | 0.3 | 0 |
| 计算 | 5 | | |
| 合计 | 4.1574 | | |
| 最小 | 0.6862 | | |
| 最大 | 1.0660 | | |
| 平均 | 0.8315 | | |
| 标准偏差 | 0.1370 | | |
| RMS | 0.8427 | | |
| 离散 | 0.0188 | | |
| 中间值 | 0.7784 | | |

图 9-70　趋势分析的"平面度"分析内容

# 参 考 文 献

[1] 成思源,杨雪荣.逆向工程技术[M].北京:机械工业出版社,2018.

[2] 成思源,杨雪荣.Geomagic Qualify 三维检测技术及应用[M].北京:清华大学出版社,2012.

[3] 成思源,杨雪荣.Geomagic Studio 逆向建模技术及应用[M].北京:清华大学出版社,2016.

[4] 王万龙,王勇勤.计算机辅助三维检测技术[M].北京:机械工业出版社,2010.

[5] 成思源,杨雪荣.Geomagic Design X 逆向设计技术[M].北京:清华大学出版社,2017.

[6] 杨铁牛.互换性与技术测量[M].北京:电子工业出版社,2010.

[7] 廖念钊.互换性与技术测量[M].北京:中国计量出版社,2000.

[8] 耿南平.公差配合与技术测量[M].北京:北京航空航天大学出版社,2010.

[9] 陈山弟.形位公差与检测技术[M].北京:机械工业出版社,2008.

[10] 邓劲莲.机械 CAD/CAM 综合实训教程[M].北京:机械工业出版社,2008.

[11] 李宏生.基于 Moldflow 和 Geomagic_Qualify 探讨 CAE 和 CAI 的集成应用[J].CAD/CAM 与制造业信息化,2009(8):51-53.

[12] 邹付群,成思源,李苏洋,等.基于 Geomagic Qualify 软件的冲压件回弹检测[J].机械设计与研究,2010(2):79-81.

[13] 王勋.基于三维激光扫描的桥面变形检测技术应用研究[D].重庆:重庆交通大学,2015.

[14] 唐建树.新的测量手段——计算机辅助检测[J].机械工人(冷加工),2003(01):54,70.

[15] 张德海,梁晋,等.三维数字化尺寸检测在逆向工程中的研究及应用[J].机械研究与应用,2008,21(4):67-70.

[16] 刘俊.基于 CAE/CAI 集成的板料成形与回弹研究[D].广州:广东工业大学,2012.

[17] 邹付群.基于 CAE 仿真和反求测量的板料回弹控制与补偿[D].广州:广东工业大学,2011.

[18] 宗敏.基于三维激光扫描技术的复杂构件检测[D].南京:南京信息工程大学,2013.

[19] 钟元元.基于逆向工程的破损零件修复方法研究[D].兰州:兰州理工大学,2016.

[20] 杰魔(上海)软件有限公司.三维检测软件 Geomagic Qualify[J].航空制造技术,2009(20):99.

[21] 刘志杰.基于逆向工程的汽车轮毂轻量化研究[D].阜新:辽宁工程技术大学,2019.

[22] 俞辉.航空发动机叶片型面激光扫描测量关键技术研究[D].厦门:厦门大学,2018.

[23] 张利斌.基于结构光技术的高速铁路道岔三维检测及应用研究[D].成都:西南交通大学,2016.

[24] 刘楷新.三维光学扫描技术在轮胎模具检测中的应用研究[D].广州:广东工业大学,2010.

[25] 王雅为.基于 Geomagic 的零件型面精度检测及分析[D].哈尔滨:哈尔滨理工大学,2016.

[26] 杨雪荣,张湘伟,成思源,等.基于 CAD 数模的零件自动检测[J].工具技术,2009,43(7):115-117.

[27] 杨雪荣,张湘伟,成思源,等.基于三坐标测量机的曲面数字化方法研究[J].工具技术,2009,43(6):109-111.

[28] 成思源,彭慧娟,郭钟宁,等.基于关节臂扫描的计算机辅助检测实验[J].实验室研究与探索,2013,32(2):70-73.

[29] 李丽娟,高姗,林雪竹.基于 Geomagic Qualify 的工件偏差检测技术[J].制造业自动化,2014,36(5):35-38.

[30] 马金锋,高东强,林欢,等.基于 Geomagic Qualify 的曲面模型精度分析[J].制造业自动化,2013,35(9):6-8.

[31] 何摇鹏,唐华林,兰摇杰,等.基于多关节激光测量系统和 GEOMAGIC QUALIFY 的铸造件快速检测[J].激光杂志,2014,35(12):148-150.

［32］　徐龙,王柱,刘爱明,等.基于激光扫描的逆向工程在检验检测中的应用[J].制造业自动化,2014,36(11)：36-37.

［33］　文怀兴,上燕燕,李新博.发动机叶片的反求设计和检测分析[J].机械设计与制造,2014(7)：94-96.

［34］　3D System Inc..Geomagic Control X-3D inspection and metrology software[EB/OL].[2020-11-18].https：//www.3dsystems.com/software/geomagic-control-x.

［35］　邢闽芳,房强汉,陈丙三.互换性与技术测量[M].4版.北京：清华大学出版社,2022.

# 前　言

　　中国华润大厦位于深圳市南山后海片区，毗邻深圳湾体育中心和深圳市人才公园，总高度近 400m，是深圳湾第一高楼、深圳第三高楼，也是超高颜值的国际湾区地标性建筑。该项目由华润置地（建设单位）邀请建筑设计领域的"超高层建筑专家"美国 KPF 建筑师事务所设计，传承华润"中华大地，雨露滋润"的美好寓意，象征沐浴改革开放春风的华润蓬勃向上、开拓进取，是为华润集团八十周年献礼的精品项目。

　　从远处眺望，中国华润大厦如同一颗雨后春笋伫立在深圳湾畔。本项目外立面设计为竖向 + 斜交的双曲面形式，室内采用无柱空间设计，充分展现了功能与美学的完美融合。56 根外部细柱从底部的斜肋构架延伸，以流畅的弧线在顶部汇聚形成水晶型顶盖，象征着 56 个民族凝心聚力，团结一心。该项目采用钢密柱外框 + 核心筒的结构形式，与传统结构形式相比较，极大减轻了自重，体现了建筑的简约轻盈之美。该结构形式经过精心的抗震设计和严格的专家论证，在竖向力传导和水平力抵抗具有良好的效果，适用于修长的超高层建筑。中国华润大厦也是国内首次使用这一结构形式，在结构设计方面具有里程碑的意义。项目建造过程中，中建三局华南公司使用多项创新技术，采取多专业穿插施工，从 2012 年 10 月 24 日奠基开工，到 2018 年 11 月 28 日竣工验收，如期高质量呈现了"春笋"项目，为中建三局华南公司第一个超高层项目交付了完美的答卷。在见证了中国华润大厦的"成长"同时，培养核心技术骨干力量和精锐项目团队，并以此为基础先后承接了华侨城大厦、城脉金融中心大厦、华富村超塔、海口塔等一批具有代表性的超高层建筑。该项目也为中建三局华南公司在超高层领域的持续发展总结了丰富经验，奠定了坚实基础。

　　本书主要阐述了中国华润大厦在设计、施工、运维过程中的创新技术应用实践，以整体施工计划为主线，对不同阶段运用的技术进行了描述，并对实施效果进行了分析，其中中建三局自主研发的第三代微凸点智能控制顶升集成平台（空中造楼机）、中央制冷机房模块化预制及装配式施工技术、BIM 智慧运维技术均是国内首次使用，具有里程碑的意义。通过此书，还可以了解中国华润大厦的基本概况，以及所涉及材料、设备的重要数据，同时详细地记录了项目施工过程关键时刻的照片、大事记以及建成后的室内外实景，让大家对这个项目有更加深入的了解。本书如实记录了中国华润大厦施工全过程及创新技术的运用实践，过程中也存在不断优化和总结，为后续技术创新提供基础。

本书由中建三局华南公司牵头组织编写，编写过程中得到了建设单位、设计单位、勘察单位、施工单位、监理单位等各方参建人员的大力支持，提供了大量资料和宝贵的指导性意见。为此，再次对为本书编制付出努力的人员表示最诚挚的感谢！

由于编者水平有限，对超高层技术的理解和运用存在一定偏差，本书难免出现疏误之处，敬请读者批评指正。